DR. 고의

어린이
건강 다이어트

DR. 고의

어린이
건강 다이어트

우리 아이 뚱뚱하지 않게, 건강하게 키우는 방법

고시환 (압구정 홍은소아과 원장 / 의학 박사)

황금가지

서문

어느 시대든 그 시대를 대표하는 유행이 있듯이 건강에도 유행이 있어서 그리 길지 않았던 시간 동안 질환이나 건강에 대한 많은 변화에 놀라곤 한다. 1980년대만 해도 우리는 영양보다는 음식의 양을 생각했고, 1990년대에는 맛있는 것을 찾아다니는 변화를 보였지만, 2000년대에 들어서면서는 몸에 좋은 보양식을 찾게 되었다. 이러한 변화와 함께 신체의 변화도 일어났는데, 그 중 가장 대표적인 것이 바로 체중 증가일 것이다.

소아 내분비를 전공한 필자로서는 그 동안 소아 비만과 당뇨, 왜소증 등을 주로 관리해 왔는데, 치료적 환경도 그리 좋지 않았고 관심도나 이해도도 높지 않았던 1990년대보다는 오히려 지금 치료에 있어서 더 어려움을 겪고 있다. 그 이유는 비만이나 키에 대해 관심도가 지나치게 높다 보니 빠른 시간 내 체형의 변화를 요구하게 되고, 또한 외형적 측면에 치중한 치료를 희망하는 사례가 늘고 있기 때문이다. 지나치게 선정적인 관심을 유발시키려 하다 보니 단시간 내에 아이들의 변화를 촬영하거나 기록할 수 있기를 요구하는 등 지난 1990년대에 비해 더욱 어려운 치료 환경에 놓이게 된 것이 아닌가 하는 생각을 갖게 된다.

소아 비만은 보기에 좋고 나쁘고의 문제가 아닌, 아이들의 성장을 방해하고 건강을 해치는 하나의 질환이다. 비만을 질환으로 이해할 수 있어야만 아이의 건강한 성장을 도와줄 수 있는 것이지, 외모를 우선적으로 생각하여 성인 비만의 연장에서 다루게 되면 오히려 건강한 성장에 더 해가 될 수 있다.

더 건강한 미국을 내세우며 조지 W. 부시 미 대통령이 비만과의 전쟁을 선포했고, 미 상원 의원에서는 비만법을 제정할 것이라는 보도도 있었다. 비만은 이제 전 세계인의 문제가 되고 있으며 그 어떠한 유행성 질환보다도 전염력이 강한 현대의 패스트로 인식되어질 정도이다. 비만의 증가가 문제가 되는 것도 중요하지만, 더욱 문제시 되는 것은 고도 비만이 늘고 있고, 동시에 소아 비만이 늘고 있다는 것이다.

소아 비만의 중요성은 소아 시기의 정신적, 임상적 문제뿐만 아니라 비만 아동이 성인이 되었을 때 갖게 되는 만성 질환들의 주원인이 바로 소아 비만이라는 것 때문이다. 이러한 비만은 초라한 자신의 용모에 대한 열등감, 우울증, 자신감 결여,

소극적인 사회 활동, 비사교적 생활 태도 등 사회 생활에 많은 지장을 초래하게 된다. 비만 아이들은 운동 능력이 떨어지기보다는 지구력과 순발력이 떨어지다 보니 운동에 재미를 잃게 되고, 특히 단체 운동에서 소외감을 느끼게 되어 운동 능력 향상의 기회를 잃게 되어 시간이 지날수록 또래 친구들은 축구나 농구 등 운동 실력이 늘지만 함께할 기회를 놓친 비만 아동들은 더욱 운동과 멀어지게 된다. 매년 아이들과 비만 캠프를 다녀보면 떠나기 전 다소 의기 소침했던 아이들도 캠프장에서는 항상 함께 있었던 친구들처럼 서로 어울리며 축구공 하나만으로도 정신없이 하루를 보내는 경우를 본다. 즉, 아이들이 축구를 싫어해서 그 동안 하지 않았던 것이 아니라 할 기회가 주어지지 않았던 것이다. 비슷한 조건의 친구들끼리 함께하게 되니 신나게 공을 차게 되는 것이다. 이러한 소외감과 상대적 위축감은 사춘기에 더욱 두드러지게 되며 나이가 들어감에 따라 사회에서 고용 차별이라는 냉대를 받게 되기도 한다. 비만 아동들이 성인 비만으로 이어지게 되고, 성인기 이전에 다소 비만도가 줄어든다 해도 다시 성인 비만으로 이어져서 비만에 의한 2차적 성인성 만성 질환인 고혈압, 동맥경화증, 고지혈증, 당뇨병 등을 초래하여 그로 인한 성인성 질환의 유병률이나 사망률도 높아지는 결과를 초래하게 된다. 50% 이상의 과체중을 가진 사람의 사망률은 그렇지 않은 사람에 비해 1.5배 내지 2배나 많다고 한다.

소아 비만의 원인은 과식이나 운동 부족에 의한 것이 가장 흔하며, 그 외 유전, 정서 장애, 갑상선 기능 저하증이 원인일 수도 있다. 성인 비만에서는 그 치료와 관리의 기준이 표준 체중에 가깝도록 체중을 감량하고 유지시키는 것일 수 있겠지만, 성장기에 있는 어린이에게는 오히려 체중 감량을 위한 지나친 식사 제한시 올바른 성장에 장애를 초래하거나, 지나친 심리적 스트레스를 주게 되어 아동들에게 '신경성 무식욕증'이나 폭식증, 거식증과 같은 심인성 질환을 초래하게 된다.

우리 나라에서 소아 비만증의 빈도를 조사하기 시작한 것은 1970년부터다. 당시 서울 시내 사립 초등 학교 4학년 아동을 대상으로 조사한 비만증을 보면 2% 정도에 불과하였으나, 1970년대 후반기에는 3%, 1980년 전반기에는 약 10%로 증가함을 보여주고 있다. 1984년 서울 시내 초 · 중 · 고교 학생들을 대상으로 한 조사에 의하면 남아의 9%, 여아의 7%가 비만으로 나타났으나, 1992년 조사에서는 남아 17.2%, 여아 14.3%로 8년간 2배의 증가를 보여주었다. 이는 미국과 스웨덴 비만율 20-25%와 비교해 볼 때, 비만증의 발생 빈도가 구미 선진국의 빈도와 거의 동일한 수준으로 올라가고 있음을 보여준다. 최근 일부 보고에 의하면 서울 특정 지역의 학교에서는 25-30% 이상의 아동들이 비만을 보이거나, 비만의 위험성을 갖고 있어서 앞으로 각종 성인병의 합병증이 수반될 것이라는 염려가 되고 있다.

소아 비만 치료에서는 식이 요법, 운동, 행동 수정 요법을 통한 식생활 개선이 중요한 요소이며, 성인과는 달리 약물 요법이나 수술 치료는 권장되지 않는다. 성공적인 비만 치료를 위해서는 보다 전문적인 영양 관리와 행동 습관 개선을 위한 상담, 비만 아동 개개인에게 알맞은 운동 처방 등을 통한 신체 활동 증가, 가정이나 학교에서 비만아 치료에 대한 주위 사람들의 능동적인 협조가 중요하며, 무엇보다도 비만아 자신의 비만에 대한 바른 이해와 치료하겠다는 의지력이 가장 중요하다.

우선 비만 아동의 식이 요법은 성인 비만 치료처럼 칼로리를 제한하기보다는 성장에 필요한 양만큼의 단백질과 비타민이 충분히 섭취될 수 있도록 신경 써야 한다. 보통 비만아는 현재의 체중을 수개월간 그대로 유지시키고 더 이상 체중이 늘지 않도록 하면, 신장이 커지면서 자연스럽게 비만도가 줄어들기 때문에 철저한 칼로리 제한 식이 요법을 통한 체중 감량을 강요할 필요는 없다. 지속적인 식이 요법을 위해서는 먼저 전문 영양사와의 상담을 통해 비만 아동의 식습관을 정확하게 파악한 뒤 잘못된 점들을 바르게 수정해 가면서 바른 식생활로 유도할 수 있어야 한다. 예를 들면 고지방·고칼로리 음식 섭취와 잦은 군것질이 왜 나쁜 것인지 아이가 충분히 이해할 수 있도록 자세히 설명하여 어른들의 강요나 꾸중에 의해 섭취를 제한하는 것이 아니라 아이 스스로 분별하여 자제할 수 있어야 하며, 나아가 계속적인 영양 교육과 상담을 통해 자신에게 필요한 음식과 식품을 스스로 선택할 수 있도록 함으로써 성인이 되어서도 올바른 식생활을 유지할 수 있도록 해야 한다.

소아들은 운동 요법을 통해 비만을 조절하겠다는 동기가 부족할 뿐만 아니라 과도한 체중으로 단순하게 운동을 강행할 경우 쉽게 상해를 입을 수도 있어 주의를 기울여야 한다. 따라서 전문적인 운동 처방사의 지도하에 비만에 따른 무릎, 고관절 및 발목의 부하를 최소화하며 비만 아동 개개인의 신체 조건과 부합 운동, 지속적으로 실천할 수 있는 운동, 어른과 함께할 수 있는 운동, 재미있는 운동 등을 권장하여 운동이 생활의 습관화가 될 수 있도록 해야 한다.

다시 한번 강조하고 싶은 말은 소아 비만은 절대 체중을 감량하겠다는 목표를 가지고 임해서는 안 된다는 것이다. 그보다는 식생활 등 기본적인 생활 패턴을 이해하고 이를 수정하면서 체형을 바꾸어주겠다는 목표를 가져야 하는 것이다. 이러한 계획은 단기적인 목표를 가지고 이루어져서도 절대 안 되며 적어도 6개월 이상의 시간을 가지고 아이는 물론 가족 등의 도움이 반드시 필요하다.

소아 비만에 있어서 가장 중요한 것은 성인 비만과 같은 기준으로 생각해서는 절대 안 된다는 점이다. 또한, 그때그때 바뀌는 어떠한 유행을 기준으로 해서도 절대 안 되며, 일정 기간 동안 얼마의 체중을 줄여야겠다는 목표도 안 된다는 것이다. 소아 비만을 초래한 잘못된 그 동안의 식습관을 바르게 교정함으로써 건강한 성장을 목표로 해야 한다.

비만이건 그렇지 않건 우리의 몸은 소중하고 아름다운 것임을 아이에게 알려주고, 지금 비만을 조절함은 자신의 몸을 보기 좋게 하기 위한 것이 아니라 건강해지기 위함임을 이해시켜 주어야 할 것이다.

2003년 7월
압구정동 홍은소아과 원장
고시환

차례

소아 비만에 대해 얼마나 알고 있나요?

뚱뚱한 게
뭐 병인가요?

얼마 전 병원 자료를 정리하다 놀라운 것을 발견했다. 병원을 찾는 환자 수를 통계 낸 자료였는데, 눈에 띄는 것은 비만 프로그램에 참가하는 환자 수였다. 1999년에 열었던 비만 프로그램에 참가한 소아 비만 환자 수가 5년간 500%나 늘어난 것이다. 어찌나 놀랍던지 인터넷을 통해 통계 자료들을 찾아봤다. 서울시 학교 보건원의 자료를 통해 최근 18년간 초등학교 남자 어린이의 경우 6.4배, 여자 어린이의 경우 4.7배로, 1979년 3% 정도에 머물던 비만율이 남자 어린이 23%, 여자 어린이의 경우 15.5%로 증가했다는 사실을 알 수 있었다. 소아 비만아가 눈에 띄게 늘고 있는 현상에 놀라움을 감출 수 없었다. 소아 비만아 숫자가 늘고 있다는 사실은 아이들 건강이 그만큼 안 좋아지고 있다는 증거였기 때문이다. 그래서 한 육아 잡지 기자에게 심각하게 문제를 제기했다.

"뚱뚱한 게 뭐 병인가요?"
그 기자의 뜻밖의 대답에 잠시 할말을 잃었다. 그러나 생각해 보면 그 기자의 시각이 그리 이상할 것도 없다. 우리는 예전부터 뚱뚱한 아이들을 보면 "어유~

그 자식 장군감이네."라고 말하거나 "튼튼한 게 최고지!"라며 뚱뚱한 체형을 건강과 연결시켰다. '끼니'를 걱정하던 예전을 생각하면 보기 좋게 통통한 아이들의 체형이 문제될 것 없다고 생각하는 것이 어쩌면 당연한 일인지도 모른다. 그러나 요즘 엄마들은 굶고 자란 세대도 아닌데 아직도 비만을 건강으로 연결시킨다는 것이 조금 안타까웠다. 의학적으로 소아 비만이 아이들에게 어떤 영향을 끼치는지 알고 나면 당장이라도 아이 손을 잡고 병원을 찾을 텐데 말이다.

소아 비만은 엄연히 병원에서 치료해야 하는 병이다.
따라서 병원을 찾아 소아 비만 검진과 치료를 받아야 한다. 아이들을 어른들과 똑같이 생각해서 집에서 단순한 살 빼기로 체형을 변화시키려는 것은 잘못된 일이다. 아이가 소아 비만이라는 것을 자각하지 못하는 것도 문제지만 뚱뚱한 것은 다이어트로 쉽게 해결할 수 있다는 생각으로, 오히려 상황을 악화시키는 것이 더 문제다.
병원을 찾는 소아 비만아들 중에도 집에서 엄마와 함께 다이어트를 하다가 두세 번 정도 실패를 겪은 아이들이 많은데, 이런 경우에는 다이어트를 한 번도 하지 못한 아이들보다 치료하기가 더 어렵다. 아이의 비만도가 어느 정도인지, 무엇이 원인인지 등을 전혀 고려하지 않고 무작정 체중 감량을 하게 되면 오히려 역효과가 일어나기 때문이다. 단순히 체중만을 감소시키는 어른들 기준의 다이어트는 지방 세포로 가는 영양이나 에너지를 줄여 일시적인 체중 감량 효과는 볼 수 있을지 모르지만, 한창 성장기에 있는 아이들에게는 필요한 에너지와 영양이 함께 줄어 성장에 악영향을 줄 수 있어 위험하다. 뿐만 아니라 체중이 빠졌다고 해도 성장하는 아이들은 다시 많이 먹게 되어 살이 도로 쪄버리는 '요요 현상'을 겪게 된다. 그로 인해 아이들은 아무리 다이어트를 해도 소용없다는 생각을 통해 자신감을 상실하게 되고 죄의식을 느끼는 등 자신을 포기해서 폭식을 하게 되는 지경에까지 이를 수 있다.

엄마의 눈을 믿지 말자.
정확한 비만도 체크리스트와 전문의의 검진을 통해서 아이의 건강을 정확하게 판단하는 것이 아이를 건강하게 키우는 길이다.

소아 비만은
성인 비만과는 다릅니다

"소아 비만이 성인 비만과 다르다는 사실을 알고 계세요?"

병원을 방문하는 엄마들은 물론 주변에 있는 지인들에게 이런 질문을 던져 보았지만 사실 소아 비만에 대해 심각성을 갖거나 성인 비만과 다르게 생각하는 사람들은 손에 꼽힐 정도다. 그만큼 소아 비만에 대한 정보가 없어서 전혀 '병'의 개념으로 받아들이지 못하고 있는 것이다. 그러나 소아 비만은 엄연히 성인 비만과는 다르다.

소아 비만은 성인 비만과 달리 지방 세포의 양뿐만 아니라 크기까지 커지며, 성장이 진행 중인 소아의 신체 특성상 지방 세포 수도 함께 늘어난다. 소아 비만의 가장 기본적인 문제를 여기서 발견할 수 있는데, 한 번 생긴 지방 세포는 살이 빠져도 줄어들지 않아 성인이 된 후에도 다시 살이 찔 확률이 높아진다. 통계를 보면 소아 비만일 경우 성인이 되어서도 비만일 확률은 80% 이상이다. 그리고 소아 비만은 소아 시기의 정신적, 신체적 문제뿐만 아니라 성인이 되었을 때 발생하는 만성 질환들의 주원인이 되어 심각한 '병'으로 구분된다. 뿐만 아니라 비만으로 인한 2차적 성인성 만성 질환인 고혈압, 동맥경화증, 고지혈증, 당뇨병 등을 초래하

여 그로 인한 성인성 질환의 유병률이나 사망률을 높여서 엄마들이 바짝 긴장해야
할 필요성이 있다.

그러나 무엇보다도 소아 비만을 걱정하는 이유는 아이의 성장에 지장을 초래한
다는 점이다. 소아 비만의 유형별 구분을 통해 자세한 문제들을 이해하도록 해보자.

⊙ 연령별 소아 비만 유형

소아 비만은 연령별로 돌 이전의 영아 비만, 1~6세까지의 유아 비만, 그리고 7세
이후의 소아 비만으로 나눌 수 있다.

구분된 유형을 이야기하면 영아 비만은 생후 6~7개월 영아들의 신체 지방 함
유량이 23~25%에 달하여 살이 찐 상태를 말한다. 그러나 1세 미만의 영아 비만
은 걱정하지 않아도 된다. 보통 생후 6개월까지는 토실토실할 정도로 살이 찌지만
생후 9개월부터는 체중 증가가 줄어들면서 보통 체형으로 변하기 때문이다. 따라
서 이 시기에 비만을 걱정하는 것은 기우일지도 모른다. 비만을 걱정하여 식사 제
한을 하는 등 섣부른 판단을 해서 아이 건강에 오히려 역효과를 주지 않도록 조심
하자. 단, 신장 발육 상태가 좋지 않음에도 체중 증가가 꾸준히 늘어나면 소아 비
만으로 이어질 수 있기 때문에 의학적인 검사를 받는다.

유아 비만은 3세를 고비로 보고 주의해야 한다. 2세 이전까지는 어느 정도 뚱
뚱해 보여도 걷기 시작하면서 활동량이 늘어서 비만 정도가 늘지 않고 줄어들게

된다. 하지만 3세가 지나도 아이가 비만하다면 아이 성장 과정을 살펴서 전문적인 진단을 받아야 한다.

7세 이상의 소아들에게 나타나는 소아 비만을 살펴보면 대부분 신장은 표준 이상이고 골 연령은 신장에 비해 약간 촉진되어 있다. 손이 작고 손가락이 뾰족한 것이 특징이며 하반신에 피하지방이 많이 축적되어 있다. 그리고 점차 성장하면서 여아는 둔부에, 남아는 복부에 피하지방이 많이 축적된다. 또 비만하게 되면 지방 세포가 늘어나게 되는데 이 지방 세포에서 여성 호르몬 분비가 늘어나게 된다. 따라서 남아의 경우에는 여성처럼 가슴이 발달하고 피부가 부드러워진다. 더욱 심각한 것은 남성 호르몬 분비가 저하되어 고환의 발달이 늦어져서 미소음낭소견을 보인다. 여아의 경우에는 초경 연령이 빨라지고 생리 불순 등의 증세를 보인다. 또 조기에 성장판이 닫히게 되어 10세 전후에 신장을 살펴보면 또래 아이들보다 큰 경우가 많지만 14세가 지나게 되면 또래보다 작아지게 될 확률이 높다.

집에서 하는 소아 비만도
자가 측정법 다섯 가지

소아 비만에 대해 열심히 설명하다 보면 또 다른 문제에 부딪히게 된다. 아이가 약간 살집이라도 생기면 병원으로 달려오는 엄마들이 심심치 않게 발생하는 것이다. 잡지, 신문, TV 등을 통해 소아 비만에 관련하여 문제 제기를 한 뒤로 병원을 찾는 엄마들 중 10명의 1명 정도는 엄마의 잘못된 1차 판단으로 오는 경우가 많다. 그러나 소아 비만은 엄마들이 생각하는 것처럼 외형적인 모습만 보고 쉽게 판단할 수 있는 병이 아니다.

소아 비만은 체내에 지방 조직 특히 피하지방 조직이 과잉으로 축적되어 있는 상태다. 따라서 지방의 양을 측정하여 정확한 비만도를 측정해야 한다. 물론 병원을 찾아서 제대로 된 검사를 통해 비만 판정을 받고 그에 맞는 치료를 받아야 하지만 집에서 간단한 방법으로 자가 진단을 하는 것도 좋은 방법이다. 자가 진단 방법은 간단하게는 키에 따른 표준 체중을 재는 것에서부터 테스트를 통한 비만 위험도 그리고 표준 체중법에 따른 비만 검사 등 다양한 방법이 있다.

다양한 방법을 통해 비만도를 측정해야 하는 이유는 비만이 아닌데도 체중이 많이 나가서 비만처럼 보이는 경우도 있고, 비만으로 보이지 않지만 체지방이 과다하여 비만으로 판정되는 경우도 있기 때문이다. 다음에 소개하는 몇 가지 비만도 자가 테스트를 통해 아이 건강을 바로 보는 시각을 갖자.

| 자가 측정법 1 |

⊙ 비만도 테스트

소아 비만의 원인이 되는 음식과 운동, 생활을 체크하여 비만이 될 수 있는 위험지수를 알아본다. 현재 아이의 생활을 가장 정확하게 들여다보는 기준이 될 뿐만 아니라 치료 방법을 빨리 찾는 지름길이기도 하다. 테스트를 통해 얻어진 결과는 비만도 위험지수로 나타내는데 위험지수가 커지면 커질수록 소아 비만에 걸릴 확률은 높다.

| 식생활 테스트 |

1 학교에서 급식을 먹을 때 이틀에 한 번은
   꼭 밥을 더 먹겠다고 다시 줄을 선다.   예   아니오

2 편식이 심해서 먹는 반찬만 먹는다.   예   아니오

3 과자를 항상 입에 달고 산다.   예   아니오

4 가족의 식사 시간은 15분 이내에 끝난다.   예   아니오

5 숟가락으로 밥을 많이 퍼서 먹는 편이다.   예   아니오

6 텔레비전을 보면서 밥은 물론 과자 등을 먹는다.   예   아니오

7 울다가도 먹을 것을 주면 뚝 그친다.   예   아니오

8 일주일에 세 번 이상 야식을 먹는다.   예   아니오

9 피자, 햄버거 등 패스트푸드를 즐겨 먹는다.   예   아니오

10 어른 밥 그릇으로 밥 한 그릇을 군소리없이 뚝딱 해치운다. 예   아니오

11 생선, 야채는 잘 먹지 않는다.   예   아니오

12 하루 우유 5잔은 기본, 주스는 2~3잔을 마신다.   예   아니오

13 하루에 2번 이상 간식을 먹는다.   예   아니오

14 고기 요리를 즐기는 편이다.   예   아니오

15 식사 전에 과자, 빵 등의 간식을 항상 먹는다.   예   아니오

16 콜라, 사이다 등의 청량 음료를 물처럼 마신다.   예   아니오

17 한식보다는 양식을 좋아한다.   예   아니오

18 식사 중에 주스나 청량 음료를 마신다.   예   아니오

19 간식으로 라면을 자주 먹는다.   예   아니오

20 야채를 먹지 않는다.   예   아니오

● 결과 보기

〈예〉가 1개 이상 → 비만 위험지수 30   〈예〉가 5개 이상 → 비만 위험지수 100

〈예〉가 3개 이상 → 비만 위험지수 60

| 운동량 테스트 |

1	컴퓨터 오락이나 게임을 하루 3시간 이상 한다.	예	아니오
2	텔레비전은 하루 5시간 이상 본다.	예	아니오
3	걸음이 느리다.	예	아니오
4	버스, 전철에서는 항상 자리에 앉는다.	예	아니오
5	계단만 올라도 숨이 차서 헉헉거린다.	예	아니오
6	밖에서보다 집에서 놀 때가 더 많다.	예	아니오
7	외출 후 집에 돌아오면 바닥에 주저앉거나 누우려고 한다.	예	아니오
8	가까운 거리도 차를 타고 간다.	예	아니오
9	운동보다 책읽기, 컴퓨터 등을 더 좋아한다.	예	아니오
10	쉬는 시간에 교실에 앉아 있는 것을 좋아한다.	예	아니오
11	체육 시간을 제일 싫어한다.	예	아니오
12	집안일을 전혀 돕지 않고 누워 있기만 한다.	예	아니오
13	태권도, 수영 등 운동 학원을 다니지 않는다.	예	아니오
14	심부름을 하지 않는다.	예	아니오
15	특별히 잘하는 운동이 없다.	예	아니오
16	아침에 일찍 일어나지 않는다.	예	아니오
17	낮잠을 오래 잔다.	예	아니오
18	휴일에는 집에서 텔레비전을 보며 시간을 보낸다.	예	아니오
19	계단을 이용하지 않고 엘리베이터나 에스컬레이터를 이용한다.	예	아니오
20	누워서 책을 보거나 텔레비전을 본다.	예	아니오

● 결과 보기

〈예〉가 1개 이상 → 비만 위험지수 30   〈예〉가 5개 이상 → 비만 위험지수 100

〈예〉가 3개 이상 → 비만 위험지수 60

| 스트레스 테스트 |

1	항상 불만이 많다.	예	아니오
2	자기 뜻대로 되지 않을 때는 화를 잘 낸다.	예	아니오
3	또래 친구들과 노는 것을 별로 좋아하지 않는다.	예	아니오
4	간식을 뺏으면 화를 내거나 운다.	예	아니오
5	좋아하는 장난감이나 놀이가 별로 없다.	예	아니오
6	밖에서 노는 것을 싫어한다.	예	아니오
7	누워서 텔레비전을 보거나 인터넷 게임을 즐긴다.	예	아니오
8	좋아하는 음식만 집중적으로 먹는다.	예	아니오
9	음식을 먹은 후 토하는 경우가 많다.	예	아니오
10	야단을 맞고 나면 먹는 것을 더 찾는 것 같다.	예	아니오
11	밤에 잠을 충분히 못 잔다.	예	아니오
12	자주 운다.	예	아니오
13	과자 등 먹을 것을 입에 달고 산다.	예	아니오
14	엄마 아빠 안 보이는 곳에서 간식을 먹다가 자주 들킨다.	예	아니오
15	운동을 시키면 짜증을 낸다.	예	아니오
16	심부름을 시키면 화를 내거나 도망을 간다.	예	아니오
17	엄마가 없으면 불안해한다.	예	아니오
18	공, 그네 등 몸을 움직여야 하는 장난감은 싫어한다.	예	아니오
19	한숨을 자주 쉰다.	예	아니오
20	학교 생활 이후에 과외 활동을 2시간 이상 한다.	예	아니오

● 결과 보기

〈예〉가 1개 이상 → 비만 위험지수 30　　〈예〉가 5개 이상 → 비만 위험지수 100

〈예〉가 3개 이상 → 비만 위험지수 60

| 체형 테스트 |

1	부모가 모두 뚱뚱하다.	예	아니오
2	뚱뚱한 엄마, 아빠와 아이가 입맛이 똑같다.	예	아니오
3	가족의 반 이상이 뚱뚱하다.	예	아니오
4	친척 중에 체중이 100kg 이상 나가는 사람이 있다.	예	아니오
5	태어날 때 3.5kg 이상이었다.	예	아니오
6	영아였을 때 상당히 뚱뚱했다.	예	아니오
7	달리기를 아주 못한다.	예	아니오
8	배가 많이 나왔다.	예	아니오
9	등이 굽었고 아랫배가 많이 나왔다.	예	아니오
10	허리가 굵다.	예	아니오
11	피부가 좋지 않다.	예	아니오
12	변비 증세가 있다.	예	아니오
13	변이 가늘다.	예	아니오
14	조금만 뛰어도 목마름 증세를 보이고 물보다는 청량 음료 등을 마신다.	예	아니오
15	평상시 하는 운동이 하나도 없다.	예	아니오
16	살이 단단하지 못하고 물렁하다.	예	아니오
17	이중턱이 생겼다.	예	아니오
18	몸이 무거워 보이고 동작이 굼뜨다.	예	아니오
19	걸음이 매우 느리다.	예	아니오
20	계단을 조금만 올라도 숨이 차 오른다.	예	아니오

● 결과 보기

〈예〉가 1개 이상 → 비만 위험지수 30   〈예〉가 5개 이상 → 비만 위험지수 100

〈예〉가 3개 이상 → 비만 위험지수 60

| 자가 측정법 2 |

⊙ 비만도 지수

아이의 키와 체중을 재서 간단하게 비만도 지수를 알아보자.

우선 키와 체중을 잰 뒤 다음 계산법을 적용한다.

● 비만도 계산법

$$\frac{\text{실제 체중} - \text{신장별 표준 체중}}{\text{신장별 표준 체중} \times 100}$$

| 출처: 한국 소아과학회 1998년 |

위 계산법에 의한 결과로 비만도를 알아보는데, 결과가 20% 이상이면 비만, 20～30%는 경도 비만, 30～50%는 중도 비만, 50% 이상이면 고도 비만으로 분류한다.

| 한국 소아 발육 표준치(1998년) |

	남자			
	체중(kg)	신장(cm)	두위(cm)	흉위(cm)
출생시	3.40	50.8	34.6	33.4
1(1~2)개월	4.56	55.2	37.3	36.7
2(2~3)개월	5.82	59.0	39.2	39.7
3(3~4)개월	6.81	62.5	40.7	41.7
4(4~5)개월	7.56	65.2	41.9	42.7
5(5~6)개월	7.93	66.8	42.8	43.4
6(6~7)개월	8.52	69.0	43.7	44.1
7(7~8)개월	8.74	70.4	44.1	44.7
8(8~9)개월	9.03	71.9	44.7	45.3
9(9~10)개월	9.42	73.5	45.2	45.9
10(10~11)개월	9.68	74.6	45.7	46.4
11(11~12)개월	9.77	76.5	46.1	47.0
12(12~15)개월	10.42	77.8	46.4	47.4
15(15~18)개월	11.00	80.1	47.1	48.0
18(18~21)개월	11.72	82.6	47.7	48.7
21(21~24)개월	12.30	85.1	47.9	49.4
2(2~2.5)년	12.94	87.7	48.4	50.0
2.5(2.5~3)년	14.08	92.2	49.4	51.2

3(3~3.5)년	15.08	95.7	49.6	51.9
3.5(3.5~4)년	15.94	99.8	50.0	52.3
4(4~4.5)년	16.99	103.5	50.4	53.3
4.5(4.5~5)년	17.98	106.6	50.8	54.2
5(5~5.5)년	18.98	109.6	50.8	55.0
5.5(5.5~6)년	20.15	112.9	51.0	55.9
6(6~6.5)년	21.41	115.8	51.3	57.0
6.5(6.5~7)년	22.57	118.5	51.4	57.7
7(7~8)년	24.72	122.4	51.7	59.2
8(8~9)년	27.63	127.5	52.1	61.3
9(9~10)년	30.98	132.9	52.5	64.2
10(10~11)년	34.47	137.8	52.9	66.7
11(11~12)년	38.62	143.5	53.3	69.7
12(12~13)년	42.84	149.3	53.6	71.9
13(13~14)년	47.20	155.3	54.0	74.6
14(14~15)년	53.87	162.7	54.6	77.9
15(15~16)년	58.49	167.8	55.0	80.6
16(16~17)년	61.19	171.1	55.4	82.9
17(17~18)년	63.20	172.2	55.8	84.5
18(18~19)년	63.77	172.5	56.2	85.3
19(19~20)년	66.04	173.2	568	88.0
20(20~21)년	66.55	173.4	56.8	88.2

여자				
	체중(kg)	신장(cm)	두위(cm)	흉위(cm)
출생시	3.30	50.1	34.1	33.1
1(1~2)개월	4.36	54.2	36.6	36.1
2(2~3)개월	5.49	58.0	38.5	38.9
3(3~4)개월	6.32	61.1	39.9	40.6
4(4~5)개월	7.09	63.8	41.0	41.7
5(5~6)개월	7.51	65.7	41.9	42.5
6(6~7)개월	7.95	67.5	42.6	43.1
7(7~8)개월	8.25	69.1	43.2	43.7
8(8~9)개월	8.48	70.5	43.8	44.3
9(9~10)개월	8.85	72.2	44.4	44.8
10(10~11)개월	9.24	73.5	44.7	45.4
11(11~12)개월	9.28	75.6	45.4	45.9
12(12~15)개월	10.01	76.9	45.6	46.6
15(15~18)개월	10.52	79.2	46.2	47.2
18(18~21)개월	11.23	81.8	46.8	47.9
21(21~24)개월	12.03	84.4	47.2	48.6
2(2~2.5)년	12.51	87.0	47.7	49.1
2.5(2.5~3)년	13.35	90.9	48.4	49.9
3(3~3.5)년	14.16	94.2	48.7	50.5

3.5(3.5~4)년	15.37	98.7	49.1	51.4
4(4~4.5)년	16.43	102.1	49.6	52.3
4.5(4.5~5)년	17.31	105.4	49.9	52.8
5(5~5.5)년	18.43	108.6	50.0	53.7
5.5(5.5~6)년	19.74	112.1	50.3	54.8
6(6~6.5)년	20.68	114.7	50.5	55.5
6.5(6.5~7)년	21.96	117.5	50.8	56.1
7(7~8)년	23.55	121.1	51.1	57.6
8(8~9)년	26.16	126.0	51.5	59.6
9(9~10)년	29.97	132.2	51.8	62.4
10(10~11)년	33.59	137.7	52.3	65.2
11(11~12)년	37.79	144.2	53.0	68.2
12(12~13)년	43.14	150.9	53.4	72.0
13(13~14)년	47.01	155.0	53.6	75.1
14(14~15)년	50.66	157.8	53.8	77.2
15(15~16)년	52.53	159.0	54.3	78.5
16(16~17)년	54.35	160.0	54.4	78.8
17(17~18)년	54.64	160.4	54.6	79.5
18(18~19)년	54.65	160.5	54.7	80.0
19(19~20)년	54.94	160.1	54.8	81.5
20(20~21)년	55.74	160.4	55.1	81.7

⊙ 성장 곡선을 통한 체크

성장 곡선은 연령에 따라 변화하는 아이의 신장과 체중을 그래프로 나타낸 것이다. 신장과 체중의 증가 상태를 기준이 되는 성장 곡선 패턴과 비교하여 비만인지 아닌지를 알아볼 수 있는 방법이다. 성장 곡선을 통한 비만 체크는 비만 경향을 비교적 쉽게 파악할 수 있고 성장 이상도 발견할 수 있어 성장하고 있는 소아 비만아를 체크하기 좋은 방법이다.

표준적인 모델을 통해 비만도를 체크할 때는 우선 아이의 연령에 맞는 표준 성장 곡선을 그린 뒤 그 위에 아이의 체중 또는 신장 곡선을 그린다. 따라서 아이의 체중이나 신장을 꾸준하게 체크해야 가능해진다.

◐ 성장 곡선을 통한 비만도 체크

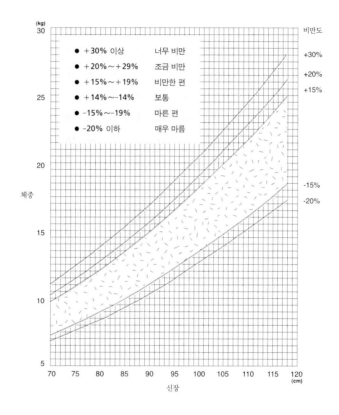

비만도	상태
● +30% 이상	너무 비만
● +20%~+29%	조금 비만
● +15%~+19%	비만한 편
● +14%~-14%	보통
● -15%~-19%	마른 편
● -20% 이하	매우 마름

| 남자 유아의 신장·체중 곡선 |

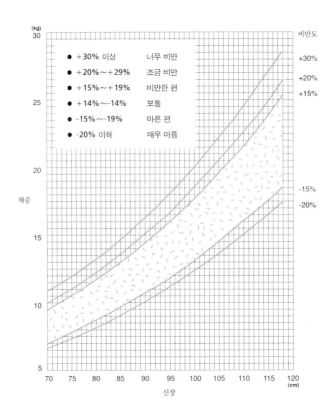

| 여자 유아의 신장·체중 곡선 |

| 자가 측정법 4 |

⊙ 체질량 지수

체질량 지수(Body Mass Index, BMI)는 체지방을 간접적으로 측정하는 방법이다. 체중을 신장의 제곱으로 나누는 방법인데 6세 이상의 소아와 청소년의 비만은 BMI가 같은 성별과 연령에서 95백분위수 이상일 경우로 정의된다. 85~95백분위수 사이일 경우 비만의 고위험군이다.

$$BMI\ 지수 = \frac{체중}{(신장)^2}$$

결과가 20-25이면 정상이고 25-30이면 과체중, 30 이상이면 비만이다.

| 자가 측정법 5 |

⊙ 허리와 둔부 둘레비

허리와 둔부의 둘레비로 체지방 분포를 평가할 수 있다. 허리와 둔부의 둘레비로 체크하는 소아 비만은 중심형 비만으로 불린다. 중심형 비만은 고혈압, 고지혈증, 당뇨병, 뇌졸중 등의 위험성이 사지형 비만보다 크다. 허리와 둔부의 둘레비를 측정한 뒤 비만으로 판단되면 병원을 찾아서 피부 주름 두께와 허리 둘레를 보다 자세히 측정해야 한다.

허리 둘레는 마지막 늑골 하단과 제대 상방의 가장 짧은 둘레를 측정한다. 둔부 둘레는 돌출부의 가장 긴 둘레를 측정한다. 둘레비가 남자는 0.8~1.0, 여자는 0.7~0.85이면 정상이고 이 수치를 넘어서면 비만이다.

비만의 원인을 알아야 치료도 빨라집니다

"우리 아인 물만 먹어도 살이 찌는 것 같아요."

병원을 찾은 엄마 10명 중 8명은 아이가 물만 먹어도 살이 찌는 체질 같다며 한숨을 쉰다. '살' 하면 나도 빠지지 않을 만큼 몸에 지니고 다니는 사람이어서 그런 마음이 이해가 안 가는 것은 아니다. 남들이 먹는 만큼 먹는 것 같은데 하루가 다르게 남들보다 체중은 배로 불어나는 것 같은 느낌, 비만인 사람들이 대부분 느끼는 심정이다.

그러나 사실 물만 먹어도 살이 찌는 체질이 있는 것은 아니다. 소아 비만의 원인을 살펴보면 음식물을 과다하게 섭취하고 칼로리 소모를 적게 하여 에너지 불균형 현상으로 인해 생기는 단순성 비만, 질환이나 장애 등이 원인이 되는 증후성 비만, 유전적으로 비만이 되는 유전성 비만 등이 있다. 또 아이들은 애정 거식증 환자라 할 정도로 부모 등의 애정을 제대로 받지 못하면 음식을 통해서 불만을 나타낸다. 부모는 충분히 아이를 사랑해 준다고 느껴도 아이는 부족해하기 쉽기 때문에 심리적 요인도 간과하지 말고 살펴야 한다.

이처럼 소아 비만 원인은 여러 가지로 추정할 수 있기 때문에 아이가 소아 비만으로 판명되면 정확한 원인을 찾기 위한 검사를 해야 한다. 그리고 원인에 따른 치료를 통해 소아 비만을 완치할 수 있도록 노력해야 한다.

| 단순성 비만 |

소아 비만아의 99% 이상은 특정 질환 없이 일어나는 단순성 비만에 속한다. 단순성 비만은 몸이 필요로 하는 기초 대사량 이상의 칼로리를 섭취하거나, 섭취한 열량을 완전히 소비할 만큼 활동을 하지 않아서 발생하게 된다. 즉 과식과 운동 부족이 주된 원인이 되는 것이다. 고칼로리 음식 섭취가 주된 식생활 패턴이 되고 활동량을 점점 줄이는 교통 수단의 발달이 단순성 비만을 만드는 환경을 제공하여 소아 비만의 숫자를 높이고 있다. 단순성 비만의 주된 원인 일곱 가지를 자세히 알아보자.

✚ 간식에 포함된 당분량

햄버거	1.9g
케이크	29.4g
청량 음료	25g
푸딩	9g
바닐라 아이스크림	27g
슈크림	7.2g
커피 음료	22.5g
과일 주스	19.1g
스포츠 음료	16.3g

⊙ 고칼로리 간식

과식은 먹는 양이 많을 뿐만 아니라 섭취하는 칼로리가 높은 것도 말한다. 특히 요즘은 아침 점심 저녁 식사를 제외하고 과자, 치킨, 비스킷, 콜라 등 고칼로리 간식을 많이 먹어서 자연스럽게 과식을 불러일으킨다. 즉 밥을 먹은 후 간식으로 먹는 과자 한 봉지가 과식이란 뜻이다.

초·중학생의 하루 당분 섭취량은 약 20g 정도가 적당한데 과자는 물론 청량 음료 등은 당분이 20g 이상 들어 있는 경우가 많다. 아이들이 자주 먹는 고칼로리 간식에 함유된 당분량을 보면 앞 페이지에 있는 표와 같다.

하지만 간식은 아이들에게 영양을 공급하는 것으로 소아 비만을 걱정하여 갑작스레 금지할 수 없다. 뇌가 활동하려면 포도당이라는 당분이 필요한데 당분은 한 끼 식사로 저장되는 양에 한계가 있다. 그래서 간식을 통해 영양을 보충하는 것이다. 따라서 소아 비만을 일으키지 않고 영양을 공급받을 수 있도록 간식을 주어야 한다. 올바른 간식은 1일 1~2회 정도가 좋으며 되도록 점심과 저녁 식사 사이에 가볍게 먹을 수 있도록 한다.

⊙ 불규칙한 식습관

살이 찌는 원인 중 하나는 불규칙한 식사 습관이다. 식사를 하루에 2회만 하거나 이른 아침부터 저녁 늦게까지 네 끼를 먹는 경우도 있다. 규칙적인 식사 습관을 갖고 있지 않으면 폭식을 하게 되는데 폭식은 소아 비만으로 가는 지름길이다. 또 밤 늦게 야식을 먹어서 다음날 아침을 못 먹거나 폭식을 하기도 해서 문제가 되고 있다.

식후에는 혈액 내 당분을 조절하는 인슐린이 분비되는데 폭식을 하게 되면 섭취된 음식물이 지방으로 저장되어 비만으로 이어진다. 또 불규칙한 식사 습관은 소화 흡수 리듬을 깨뜨려 비만을 증가시키는 촉진제가 되기 때문에 규칙적인 식사 습관을 가져야 한다.

⊙ 냉동 식품의 남용

전자 레인지로 간단하게 데워 먹는 냉동 식품과 레토르트 식품이 등장했다. 바쁜 현대 생활에 좋은 제품 같지만 사실 이런 음식들이 아이들을 비만으로 이끈다. 냉동 식품과 레토르트 식품은 염분, 당분, 지방분의 평균 함유량이 많고 아이들의 성장에 없어선 안 될 비타민 A와 비타민 B$_2$가 부족하기 쉽다. 따라서 냉동 식품을 자제하고 아이가 먹는 음식은 되도록 엄마 손으로 직접 만들어주는 것이 가장 좋다.

⊙ 동물성 지방 섭취 증가

최근 소아 비만이 급격하게 증가한 것은 식생활이 크게 변화한 것을 원인으로 손꼽을 수 있다. 밥, 김치 등을 중심으로 한 한식 대신, 단백질과 지방 함유량이 많은 육류 중심의 서양 식단으로 대체되었기 때문이다.

지방을 과다하게 섭취하면 소아 비만이 급증하는 것은 물론 고혈압, 뇌혈관 질환, 심장 질환 등 성인병이 발생하는 원인이 된다. 한 조사 결과에 따르면 육류를 선호하는 아이들이 야채를 좋아하는 아이들보다 비만도가 높게 나타난 것을 보면 그 위험도가 얼마나 높은지 알 수 있을 것이다.

⊙ 잦은 외식

일하는 엄마들이 늘고 패밀리 레스토랑 등과 같은 외식 산업이 팽창하면서 외식 문화가 크게 자리잡았다. 많게는 일주일에 3~4번 정도 외식을 하는 가정이 늘어났는데 이로 인해 소아 비만율도 높아지고 있다. 외식 메뉴가 단백질이나 지방이 많은 서양식 메뉴이기 때문에 살찌기 쉬운 환경을 만들어주게 된다. 따라서 외식을 하더라도 메밀국수, 냉면 등 살찌지 않는 메뉴를 선택하도록 한다.

⊙ 스트레스

요즘은 어른들 못지않게 아이들도 스트레스를 많이 받는다. 입시 전쟁으로 초등학교 때부터 과외 수업을 받는 것은 물론이고 학교 친구들과도 경쟁이 붙게 된다. 또 외동아이, 개성이 강한 아이들과 단체 생활을 하면서 왕따 등의 문제가 발생하는 등 아이들이 스트레스에 많이 노출되어 있다.

하지만 스트레스가 만연한 환경 속에서 안타깝게도 아이들은 스트레스를 풀 기회가 전혀 없으며 그 방법조차 찾기 힘들다. 어른들의 관심이 없다면 스트레스를 음식으로 풀 가능성이 크다. 인간의 식욕은 혈중 당분과 인슐린 등 여러 호르몬에 의해 조절되는데 식욕 전체를 제어하는 대뇌의 전두엽에서 정신이나 의식, 정서가 불안하게 되면 식욕이 높아지기 때문이다.

따라서 아이라고 해서 무시하지 말고 아이가 스트레스를 풀 수 있도록 도와주어야 한다. 운동 등을 가르치거나 잠을 충분히 자게 하는 등 스트레스를 풀 수 있는 방법을 제시한다.

⊙ 운동 부족

예전만큼 뛰어놀지 못하는 환경 때문에 아이들은 운동 부족 상태에 있다. 이런 운동 부족은 소아 비만아를 증가시키는 주된 요인이다. 병원을 찾는 소아 비만아 중에도 체육 시간을 싫어하고 컴퓨터, 텔레비전 등으로 시간을 보내는 아이들이 많았다.

비만은 소비되는 열량보다 많은 열량을 섭취할 때 일어나는데, 섭취하는 열량은 많은데 운동으로 소비되는 열량이 전혀 없다면 기초 대사량이 낮아져서 조금만 먹어도 살이 찌게 된다.

소아 비만을 예방하고 치료하려면 활동량을 높이고 운동을 많이 할 수 있는 환경을 만들어주어야 한다.

| 증후성 비만 |

증후성 비만은 병적 요인에 의해 발생하는 비만으로 중추성 비만과 내분비성 비만, 그리고 유전성 비만으로 나뉜다. 증후성 비만이 단순성 비만과 다른 것은 지능 장애가 있거나 체형, 얼굴 모양, 생식기 등에 이상이 있다는 점이다. 단순성 비만인 아이의 대부분은 체격이 좋고 신장도 크지만 증후성 비만인 경우에는 성장 상태가 매우 나쁘고 키가 작다. 하지만 증후성 비만을 치료할 때는 단순성 비만과 같이 식이 요법, 운동 요법 등으로 치료한다. 원인은 단순성 비만과 다르지만 살이 찌는 것은 단순성 비만과 마찬가지로 열량 수급의 불균형에 의한 것이기 때문이다. 증후성 비만의 원인이 되는 질병을 살펴보면 다음과 같다.

⊙ 프리이드 라이히 증후군

뇌의 시상하부에 생긴 외상이나 종양에 의해 장애가 발생하면서 갑자기 살이 찌는 병이다. 허리 하복부, 엉덩이 등에 지방이 축적되어 비만 증세를 보인다. 또 키가 자라지 않아 성장 장애를 일으키기도 한다. 그리고 성기 발육이 부진해서 사춘기가 되어도 남자 아이에게 2차 성징이 보이지 않기도 한다.

⊙ 클라인펠터 증후군

남자 아이에게서 발견되는 질병으로, 성 염색체에 이상이 생기며 선천적으로 고환이 위축되는 증세를 보인다. 외음부 발육은 거의 정상이지만 사춘기가 되어도 고환이 발육되지 않는데, 어릴 때는 고환 크기가 작아서 쉽게 발견되지 않는다. 또 여성처럼 가슴이 커지는 증상도 보일 수 있으므로 조기에 발견하여 치료하는 것이 좋다.

⊙ 프라더 윌리 증후군

영아 때부터 키가 작고 비만인 체격을 가지는 질병으로, 손발이 작고 근육의 긴장이 저하된다. 운동 기능 발달이 늦고 성 기능 발육 부진인 경우도 많다. 원인에 대해 밝혀진 것은 없으며 염색체 이상에 의해 발생하는 질병으로 알려져 있을 뿐이다.

⊙ 로렌스 문 비들 증후군

열성 유전에 의해 뇌의 시상하부나 하수체의 기능에 선천적 이상이 발견되는 질병이다. 다지증, 두개 변형 등 기형이 발견되고 비만 증상이 나타난다.

⊙ 갑상선 기능 저하증

호르몬 분비를 담당하는 갑상선의 작용에 이상이 생겨서 혈중 갑상선 호르몬 농도가 저하되는 질병이다. 체내의 여러 물질 대사가 원활하게 이루어지지 않아서 몸에 이상이 생긴다. 갑상선 기능이 저하되는 원인은 갑상선 자체에 문제가 발생하는 경우가 대부분이다. 또 갑상선과 밀접한 관계에 있는 뇌하수체나 시상하부에서 분비되는 호르몬 분비 이상이 원인이 되기도 한다.

갑상선 기능이 저하되면 우선 얼굴이 푸석푸석해지고 피부가 건조해지거나 거칠어진다. 또 체중이 증가하며 의욕이 감퇴되는 증상이 나타난다. 아이들은 성장에 장애가 일어나 키가 자라지 않아 매우 작고 비만 현상이 두드러지게 나타난다. 또 질병이 악화되면 지능 장애를 일으키기 때문에 조기에 발견하여 치료해야 한다.

⊙ 가성 부갑상선 기능 저하증

유전적인 요인에 의해 발생하는데, 간과 뼈에 부갑상선 호르몬이 제대로 작용하지 못해서 칼슘이나 뼈가 제대로 된 역할을 하지 못하는 병이다.

가성 부갑상선 기능 저하증에 걸리면 키가 자라지 않고 소아 비만아가 된다. 얼굴이 둥글고 손가락 발가락이 짧고 아주 작은 키를 갖게 된다. 또 근육이 계속적으로 경련을 일으켜서 안면 근육이 마비되거나 손발이 뻣뻣해지는 현상이 일어나기도 한다. 심해지면 정서 불안과 같은 정신적인 증상도 동반된다. 그리고 혈중 칼슘 농도가 저하되는 것을 방치해 두면 지능 장애가 일어날 수 있으므로 정밀 검사를 통해 조기에 발견하여 치료하는 것이 좋다.

⊙ 쿠싱 증후군

부신피질에는 생명 유지에 없어서는 안 되는 호르몬이 분비되는데 그 가운데 코티졸이라는 호르몬이 과잉 분비되는 병이다. 부신피질에 종양이 생겼거나 뇌의 호르몬 중추에 종양이나 외상이 생겨서 호르몬이 과잉 분비되어 발생한다.

쿠싱 증후군은 안면에 피하지방이 침적되어 얼굴이 붉고 보름달같이 둥글어지는 증세를 보인다. 온몸에 급속도로 지방이 침적되면서 살이 찌는데 팔다리는 오히려 가늘어지는 특징이 있다. 또 당뇨병이나 고혈압이 발생하는 등 단순성 비만과 유사한 증상이 나타나고 간혹 여드름, 다모 증상이 보여지기도 한다.

| 유전성 비만 |

부모 둘 다 또는 어느 한쪽이 비만일 경우 소아 비만아가 태어날 확률은 70% 이상이다. 또 아빠보다는 엄마가 비만인 경우 아이가 비만에 걸릴 확률이 높다. 반대로 부모 둘 다 비만이 아닐 경우 비만아가 태어날 확률은 10%밖에 되지 않는다. 부모의 비만에 의해 아이가 비만에 걸릴 확률을 좀 더 자세히 살펴보면 다음과 같다.

> 엄마 아빠 모두 비만일 경우 ▶ 아이가 비만에 걸릴 확률 80%
>
> 엄마는 비만이고 아빠는 아닐 경우 ▶ 아이가 비만에 걸릴 확률 60%
>
> 아빠는 비만이고 엄마는 아닐 경우 ▶ 아이가 비만에 걸릴 확률 40%

또 일란성 쌍생아에서 한 아이가 비만이면 다른 한 아이도 비만일 가능성이 높을 정도로 소아 비만은 유전적 요인을 무시할 수 없다. 그러나 부모가 둘 다 비만 체질이라 해서 반드시 아이가 소아 비만에 걸린다고 말할 수는 없다. 가족 내에 비만인 사람이 많은 것은 식생활을 함께하고 활동량도 비슷하기 때문이다. 따라서 유전적으로 물려받은 체질 때문은 물론 같은 환경 속에서 생활하면서도 소아 비만에 걸리게 되는 것이다. 따라서 부모가 비만일 경우에는 아이가 자라는 환경을 개선시켜야 한다. 식생활은 물론 활동량을 늘이는 환경을 만들어 아이가 비만을 물려받지 않도록 해주어야 한다.

소아 비만이
병이란 사실, 알고 계세요?

소아 비만은 치료를 해야 하는 병입니다

"어릴 때 뚱뚱하더라도 크면 살이 빠지지 않을까요?"

소아 비만아 부모들에게 문제의 심각성을 강조하면 대수롭지 않게 여긴다. 사실 대다수의 어른들은 다이어트는 외모에 관심 많은 성인 남녀가 할 일이라고 생각한다. 아이들은 외모에 신경 쓰기보다 뚱뚱하거나 날씬한 것에 상관없이 건강하게 자라면 된다는 생각이 우리 사회에 만연하다. 불과 10여 년 전만 해도 우리 나라에서는 '우량아 대회'를 열었을 정도로 보기 좋게 살이 찐 아이를 장군감이라며 건강한 아이라고 생각했을 정도였으니 말이다. 뿐만 아니라 지금도 아이들은 밥 한 그릇은 뚝딱 해치울 정도로 식성이 좋아야 쑥쑥 잘 자란다고 생각한다.

그러나 소아 비만은 단순히 다소 뚱뚱한 아이로 생각하고 '자라면서 살이 빠지겠지.' 하며 방관할 사소한 문제가 아니다. 소아 비만은 성인병을 불러일으키는 원인으로, 성장하는 아이들의 건강을 지키기 위해 병원에서 치료를 해야 하는 병이다.

소아 비만은 치료하지 않으면 비만 상태가 어른이 될 때까지 계속되어 성인병으로 이어진다. 성인 비만의 3분의 1 정도가 소아기부터 시작된다고 하면 문제의 심각성을 깨달을 수 있을 것이다. 지방 세포의 개체가 비대해지는 성인 비만과 달리 소아는 주로 지방 세포의 수가 증가해 비만이 된다. 따라서 어른들은 운동이나 식이 요법 등으로 비대해진 지방 세포를 줄일 수 있지만, 소아 비만으로 인해 성인 비만이 된 사람들은 어릴 때 비정상적으로 증가한 지방 세포로, 비만 치료를 해도 큰 효과가 없고 비만 합병증에 시달릴 확률도 성인 비만으로 시작된 사람들보다 높아진다. 특히 비만으로 발생하는 합병증은 동맥경화, 고혈압, 심근경색, 당뇨병, 지방간, 고지혈증 등 각종 성인병 발생의 위험성이 매우 높다고 알려져 있다.

실제로 순천향의대가 비만 학생 324명을 검사한 결과 40%가 지방간, 60%가 고지혈, 10%가 고혈압 증세를 보이는 등 이들 중 78.4%에서 성인병 증세가 발견됐다고 보고했다. 따라서 소아 비만아는 성인 비만의 예비군일 뿐만 아니라 위에 나열한 성인병이 어린 시기에도 발생할 수 있어 그 문제를 심각하게 받아들여야 한다. 아이가 겉보기에 뚱뚱하다고 생각되면 집에서 자가 진단을 통해 소아 비만인지를 확인하고 병원을 찾아 전문의에게 검사를 받도록 하자.

비만 때문에 생기는
신체적 이상 증상

최근 초등학생들에게 고혈압, 당뇨병 같은 성인병이 발생해 사람들의 관심이 집중되고 있다. 특히 고혈압과 당뇨병의 원인이 부모의 체질이나 생활 습관으로 인한 것이 아니라 비만, 염분 과다 등으로 인한 것이라는 사실에 문제를 더 심각하게 받아들이고 있다. 40대 이상 성인 중에서도 10% 정도가 걸리는 병이기 때문에 그 충격이 큰데, 더욱 심각한 것은 소아 성인병 증가율이 매년 약 3~5%씩 증가하고 있다는 사실이다.

이런 원인은 아이들이 살찌기 쉬운 환경에 노출되어 있고, 소아 비만에 걸렸을 때 부모가 문제를 심각하게 받아들이지 않아 방치하기 때문이다. 따라서 소아 비만으로 아이들이 겪게 되는 증상들에 대해 알아야 한다.

의학적으로 자세히 설명하면, 소아 비만은 체지방이 조직에 지나치게 축적되면 나타나는 증상이다. 따라서 소아 비만에 걸리게 되면 여러 요인이 심장에 부담을 주게 된다. 그리고 이로 인해 심장병, 당뇨병, 고혈압 및 동맥경화증 등에 걸릴 확률이 15~40% 정도 증가한다.

체중이 비정상적으로 증가하는 아이들은 정상적인 성장을 보이는 아이들보다 칼로리 소모가 커지기 때문에 심장은 혈액 공급에 부담을 갖게 되어 자연스럽게 심장병을 일으키게 된다. 간에도 지방이 축적되게 되면 지방간과 이로 인한 간경화의 발병률이 높아지는 원인이 된다. 그리고 지방대사의 이상으로 동맥경화를 일으키며 인슐린이 증가하여 당뇨병을 일으키기도 한다. 또 몸이 비정상적으로 비대하게 되면 뼈, 관절에 부담을 주기도 하는데 이로 인해 관절염을 발생시키고 행동을 둔화시켜 운동량이 부족하게 되는 현상이 일어나 또다시 비만을 일으키는 악순환까지 만들어낸다.

외형적으로 드러나는 증상을 살펴보면 우선 신장과 뼈에 나타나는 증상이다. 대부분 키는 표준 이상이고 골 연령은 나이에 비해 약간 촉진되어 있다. 손이 작고 손가락이 뾰족한 모양을 하고 있으며 내반고, 대퇴골골두골단분리증, 블라운트 질환, 골연골염 같은 정형외과적인 질환이 흔히 발생한다.

피하지방과 근육에도 이상 증세가 일어나는데 피하지방은 유아기에서는 전신에 축적되나 연령이 증가하면 하반신에 눈에 띄게 축적된다. 사춘기가 되면 여아는 둔부에, 남아는 복부에 지방이 많이 축적되고 고도 비만아인 경우 배가 많이 나오며 자색의 피부줄이 나타나고 피부가 겹쳐서 종기나 부스럼이 잘 생긴다.

특히 청소년 시기에는 뚱뚱한 용모로 열등감을 갖게 되어 성격의 변화를 가져오고 심지어는 호르몬 대사의 장애를 일으켜 정상적인 성장을 방해해서 문제가 더욱 심각하다.

소아 비만이 일으키는 합병증에 대해 좀 더 자세히 이해하려면 옆의 그림을 참고하자. 옆의 그림은 비만이 원인이 되어 일어나는 질병을 표시한 것이다. 비만으로 인해 동맥경화, 혈압 상승, 대사 장애 등이 생기게 되고 이로 인해 심장, 신장, 혈관 등의 기능이 저하되어 고혈압, 당뇨병, 지방간 등 치료하기 어려운 질병을 만들어낸다.

◐ 비만이 일으키는 질병

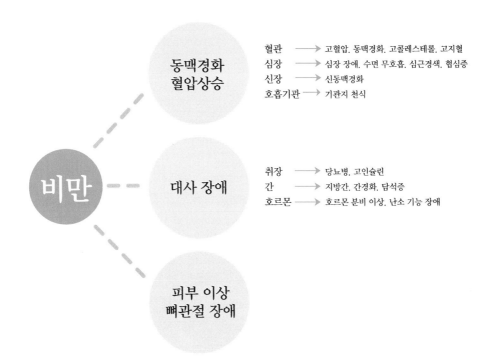

동맥경화
혈압상승

혈관 ⟶ 고혈압, 동맥경화, 고콜레스테롤, 고지혈
심장 ⟶ 심장 장애, 수면 무호흡, 심근경색, 협심증
신장 ⟶ 신동맥경화
호흡기관 ⟶ 기관지 천식

비만

대사 장애

취장 ⟶ 당뇨병, 고인슐린
간 ⟶ 지방간, 간경화, 담석증
호르몬 ⟶ 호르몬 분비 이상, 난소 기능 장애

피부 이상
뼈관절 장애

소아 비만이 유발하는
합병증 열두 가지

| 당뇨병 |

당뇨병은 혈중 당분을 조정하는 인슐린에 문제가 발생해서 생기는 병으로, 혈중 당분이 체내에서 이용되지 못하고 필요 이상으로 증가해 소변으로 배설되는 증상을 보인다. 당뇨병을 일으키는 원인은 인슐린 의존형과 인슐린 비의존형으로 크게 두 가지가 있고, 임상 특징에 따라서 영양 실조형과 기타형 등 모두 네 가지의 당뇨병으로 나누어진다.

이 중 흔히 주위에서 볼 수 있는 인슐린 의존형 당뇨병은 췌장에서의 인슐린 분비 감소가 원인이 되는 것으로 주로 소아 연령층에서 보였기에 소아 당뇨라고도 불린다.

인슐린 비의존형 당뇨병은 인슐린은 정상적으로 분비되지만 이를 이용하는 데 문제가 있어서 생기는 당뇨로, 주로 비만과 연관된 당뇨이고 성인들에게 주로 많이 나타났기에 성인형 당뇨라고 불린다. 최근 들어서는 연령에 무관하게 당뇨병이 발병하여 소아와 성인형 당뇨라는 용어는 사용하지 않으며 단지 인슐린 의존형 당뇨는 I형 당뇨, 인슐린 비의존형 당뇨는 II형 당뇨라고 부른다. 최근 자료를 보면 소아 비만이 늘면서 주로 40대 이후에 보이던 II형 당뇨가 어린 아이들에게도 많이 발생하고 있는 추세다.

소아 비만이 주요 원인이 되어 발생하는 성인형 당뇨병은 겉으로 드러나는 증상이 없는 경우가 대부분이다. 따라서 건강 검진을 하지 않는 이상 발견되지 않아 계속 방치하게 되므로 물을 많이 먹고 소변을 많이 보는 증세가 이어지면서 체중이 감소되고 탈수와 고혈압 증세를 보이기도 한다.

당뇨병에 걸리게 되면 신체의 주요 열량원인 포도당이 제대로 이용되지 못하면서 또 다른 합병증을 일으킨다. 가장 대표적인 합병증은 뇌 중추 신경의 작용이 약화되는 것이다. 뇌는 포도당 외에 다른 영양소는 열량원으로 이용하지 않기 때문에 당뇨병으로 인한 영향을 가장 크게 받는다. 그리고 동시에 콜레스테롤이 증가되어 동맥 경화가 진행되며 신장 장애, 시력 장애 등 신체의 각 기관에 악영향을 준다.

소아 비만아가 당뇨병에 걸리면 조기에 발견하고 치료해 줘야 한다. 소아 비만으로 인한 당뇨병의 가장 좋은 치료법은 체중을 줄이는 것이다. 식이 요법, 운동 요법 등을 통해 체중을 감량하면서 혈당치를 정상으로 환원시키는 것이 가장 빠르고 효과적인 치료법이다.

| 지방간 |

과잉 섭취된 칼로리가 중성 지방으로 전환되어 간에 축적되면서 간비대와 지방간

을 일으킨다. 지방간은 자각 증상이 전혀 없고 혈액 검사를 통해서만 발견할 수 있는데 증세가 심해지면 쉽게 피로 증세를 보인다.

특히 소아 비만으로 인해 지방간이 생겼을 경우에는 성인이 되었을 때 지방간으로 인한 간경변 등의 합병증까지 발생하기 때문에 소아 비만 판정을 받게 되면 간 검사를 하는 것이 좋다.

지방간을 발견하고 치료할 때는 체중을 줄이기 위해 식사 제한을 하여 비만을 개선한 뒤 간의 상태를 지켜보도록 하자.

| 고지혈증 |

비만의 정도가 심해지면 콜레스테롤, 중성 지방과 같은 혈중 지방이 올라가 고지혈증이 생긴다.

이는 과도하게 섭취된 지방이나 탄수화물의 잉여분이 콜레스테롤이나 중성 지방으로 전화되어 지방간도 일으키고 혈중 수치도 올라가는 것으로, 그대로 두면 동맥경화증을 유발하여 심혈관 질환의 위험 인자가 된다. 소아에게 비만으로 인한 고지혈증이 있어도 대부분 약물 치료를 하지 않고 식이 요법과 운동으로 조절하면서 체중을 줄이면 효과적으로 치료할 수 있다.

| 동맥경화 |

동맥경화는 산소가 포함된 혈액을 운반하는 동맥의 벽에 콜레스테롤 등이 침적되어 딱딱해지면서 내부가 좁아지는 증상이다. 동맥경화가 심해져 심장의 혈관이 좁아지면 협심증, 심근경색 등을 일으키는 것은 물론 뇌에 연결된 혈관에 발생하면 뇌졸중 등의 2차적인 합병증을 불러일으키기 때문에 특별히 조심해야 한다. 또 동맥경화는 고혈압, 고지혈증 등의 질병이 있으면 빠르게 진행되는데 고혈압, 고지혈증 모두 소아 비만인 아이들에게 일어나기 쉬운 질병이므로 주의하도록 한다.

동맥경화는 일단 어느 단계 이상이 진행되면 치료하기가 매우 힘들다. 뚜렷한 증상 없이 조용히 진행되는 특징을 갖고 있어 소아 비만을 비롯한 위험 요소를 조기에 발견하여 제거하는 것이 유일한 치료법이라고 할 수 있다.

| 고혈압 |

고혈압은 원인에 따라 1차성, 2차성 고혈압으로 나뉘는데 소아 비만으로 인한 것은 2차성 고혈압으로 분리한다.

소아 비만아들이 정상적인 체중을 유지하는 아이들보다 고혈압에 걸릴 확률은 15배로, 성인의 경우 성인 비만 사람들이 정상 체중을 유지하는 사람들보다 고혈압에 걸릴 확률이 8배 정도인 것을 보면 소아 비만아들이 고혈압에 걸릴 수 있는 위험이 얼마나 큰지 알 수 있다.

소아 비만으로 고혈압에 걸리게 되는 원인은 우선 비만으로 인해 신체 사이즈가 커지면서 혈액의 양도 증가하기 때문이다. 따라서 늘어난 체중으로 인해 많아진 신체의 구석구석까지 혈액이 공급되려면 정상 체중의 사람보다 혈액이 더 많이 필요하게 되고, 단위 시간 내에 혈관을 흐르는 혈액의 양도 증가하게 된다. 그 결과 혈관에 가해지는 압력이 높아지게 되어 고혈압이 발생하는 것이다. 또 염분 과잉 섭취로 비만이 되고 이로 인해 고혈압에 걸리게 되기도 한다.

소아 비만아들은 연령이 높을수록, 또 비만도가 높을수록 고혈압이 생길 빈도가 높다. 11세 이상이며 비만도 50% 이상인 아이 가운데 약 15%의 아이들에게서 고혈압이 발견되었을 정도다.

소아 비만으로 인한 고혈압에 대한 문제를 좀 더 심각하게 생각해야 하는 이유는 한 가지 더 있다. 소아 비만이 성인 비만으로 발전했을 경우 고혈압이 발생할 확률은 아주 높기 때문이다. 따라서 소아 비만을 하루 속히 치료하는 것이 가장 효과적인 예방법이자 치료법이 된다.

소아 비만으로 고혈압이 되었을 때는 강압제를 먹지 않는 것이 좋다. 우선 식이 요법과 운동 요법으로 체중을 감량한다. 소아 비만으로 발생한 고혈압은 비만을 치료하면 자연스럽게 치료가 되기 때문이다.

| 수면 무호흡 증후군 |

비만이 심해지면 기도 주변의 연면부 조직에 지방이 축적되면서 기도를 압박하므로 호흡을 할 때 가스 교환이 제대로 안 되어 혈중 이산화탄소의 농도는 올라가고

저산소증이 유발된다. 이 상태가 장기화되면 자발적인 호흡 충동이 감소되어 잠을 잘 때나 깨어 있을 때 무호흡 발작이 일어난다.

비만이 심해지면 무호흡 발작도 심해져 시간이 경과하면 수면 부족으로 인해 낮에도 계속 졸거나 멍한 상태로 있게 된다. 이러한 저산소증 상태가 지속되면 폐고혈압, 우측심부전, 적혈구 용적의 증가 등과 같은 전형적인 비만-전환기 증후군(피크위키안 증후군)의 임상 증상이 보이는데, 체중이 감소되면 이런 증상도 사라진다. 따라서 소아 비만인 아이가 낮에 자주 졸고 있는 것을 보면 문제의 심각성을 깨닫고 병원을 찾아 전문의에게 진찰을 받아야 한다. 가장 빠른 치료는 체중을 줄이는 것! 식사 제한을 하고 운동 요법을 시행해서 밤에 숙면할 수 있는 체중을 유지한다. 특히 소아 비만 환자가 편도선이 붓거나 편도선 비대증이 발생하게 되면 비만이 심하지 않아도 호흡 장애가 일어나기 쉬우므로 조심하도록 하자.

| 고인슐린 혈증 |

소아 비만에 걸리면 체내에 지방이 지나치게 많이 축적되어 혈액 속의 당분을 조절하는 인슐린에 대한 조직의 반응이 둔해져 이에 대한 보상 작용으로 췌장에서 인슐린이 과잉 분비된다. 이를 고인슐린 혈증이라고 하는데, 고인슐린 혈증은 비만과 관계가 깊은 호르몬 이상이다. 비만 정도가 심할수록 발병률이 높은 동시에 비만을 더욱 악화시키고 합병증을 유발하는 조건이기도 하다. 또 고인슐린 혈증에 걸리게 되면 당뇨병, 고혈압 발생을 동시에 진행시키기 때문에 조심해야 한다.

| 성장 호르몬 분비 이상 |

소아 비만아들은 정상 체중을 유지하는 아이들보다 성장 호르몬 분비량이 적다. 비만이 되면 유리 지방산이 증가되어 성장 호르몬 분비가 억제되기 때문이다.

따라서 소아 비만아들이 어릴 때는 또래보다 키가 좀 더 큰 것 같지만 성인이 되었을 때 정상 체중을 유지하는 아이들보다 키가 작을 수 있다. 성장 호르몬 분비 이상은 내분비계 이상으로 전문의를 찾아 제대로 된 검진을 받은 후 치료를 받아야 한다. 우선 식이 요법과 운동 요법 그리고 행동 요법 등을 통해 비만 치료를 한다. 그리고 만약 성장 호르몬 분비에 관련되어 선천적으로 문제가 있다면 성장 호르몬 주사를 통해 치료를 하는 것이 좋다.

| 난소 기능 장애 |

소아 비만에 걸린 여자 아이가 사춘기가 되면 초경이 없거나 생리를 시작했더라도 불규칙한 월경 이상이 일어나는 경우가 있다. 생리는 뇌에서 명령받은 난소가 호르몬을 분비해서 조절하는데, 소아 비만일 경우 명령 계통이 제대로 작용하지 않아서 문제를 일으키게 되는 것이다. 이렇게 불규칙적인 생리를 하게 되거나 초경이 없어지게 되면 몸이 심하게 붓거나 생리통이 심해지는 등의 부작용이 생기게 된다.

따라서 사춘기 이전에 소아 비만을 치료하여 생리적인 문제에 이상이 생기지 않도록 조심한다.

| 기관지 천식 |

소아 비만아들은 호흡기 계통 질환을 자주 앓게 된다. 흔히 걸리게 되는 감기도 소아 비만아의 경우는 오래 가는 특징을 보면 이해가 쉬울 것이다. 따라서 소아 비만에 걸린 아이가 감기에 걸리면 천식 등으로 진행되지 않도록 빨리 치료해야 한다. 그리고 운동, 생활 요법 등을 통해 아이가 체중을 감량하면서 기관지를 튼튼하게 할 수 있도록 한다.

| 피부 변화 |

소아 비만아들은 대퇴부, 팔뚝 안쪽, 허리 등 피부에 임신선처럼 균열이 생기게 된다. 이런 피부 변화는 소아 비만아들이 사춘기에 접어들면서 부신피질 호르몬 분비가 왕성해지는 것과 관계가 있다.

이런 피부 변화는 비만을 치료하면 자연스럽게 사라진다. 그러나 사춘기 등 정신적으로 민감한 시기에 일어나는 증상으로 정서적으로 충격을 받기 쉽다.

| 뼈 관절 장애 |

소아 비만이 심해지면 복부에 지방이 쌓여서 중심이 앞으로 이동하게 된다. 따라서 요추나 허리 근육에 무리가 가서 요통의 원인이 되고 무거운 체중으로 엉치 관절에 압력이 가해져 변형성 고관절증이나 대퇴골두 탈구증 등의 관절병을 일으키게 된다. 또 뼈와 관절에 통증이 일어나고 만성 피로에 시달리게 된다. 특히 이런 뼈 관절 장애는 성장이 한창 일어나는 시기인 사춘기에 많이 발생하는데 무릎 관절이 변형을 일으켜 통증을 느끼게 된다.

뼈 관절 장애는 체중 감량을 하면 자연스럽게 치료되는데 관절에 좋은 운동을 함께 병행하는 것이 좋다.

비만 때문에 겪는 심리적 장애

이제 초등학교 3학년에 올라가는 아이가 한 명 있다. 아이는 작년에 병원을 찾은 소아 비만 환자였다.

"엄마, 친구들이 내가 뚱뚱해서 같이 놀기 싫대."

아이는 학교에서 뚱뚱하다는 이유로 왕따를 당하고 있었고 그로 인해 등교 거부를 했다고 한다. 그래서 아이 엄마는 아이를 소아 정신과로 데리고 갔단다. 왕따를 당한 아이의 정신적 충격을 치료하기 위해서였다. 그러나 한 달이 지나도 별다른 진전이 없었다. 아이는 밖에 나가서 노는 것조차 피했고 누구와도 눈을 마주치려 하지 않았다. 치료 효과가 그리 좋지 않자 소아 정신과 의사가 필자 병원을 소개했다고 한다.

한눈에 보기에 또래보다 3배 정도 뚱뚱해 보이는 아이는 초등학교 2학년이라고 보기에는 너무나 어두운 표정을 하고 있었고 사람과도 눈을 잘 마주치려 하지 않았다. 소아과 전문의이기 이전에 두 아이를 키우고 있는 아빠이기에 어린 아이의 어두운 표정에 가슴이 아팠다. 그리고 정신과를 찾기 이전에 소아과를 찾아 소아 비만 치료를 시작하지 못한 것이 못내 아쉬웠다.

소아 비만은 성인병을 유발하는 등 신체적으로 악영향을 미치기도 하지만 한창 성장하는 아이들에게 심리적 문제를 유발시키기 때문에 위의 사례처럼 아이들의 정서에 큰 영향을 미친다. 연구 결과에 의하면 소아 비만아들은 친구 관계(청소년기에는 이성 교제도 포함) 등에 지나치게 걱정하고 열등감으로 고통받으며 적응 능력의 저하를 보이는 경우가 많다. 특히 우울증, 대인 공포증, 적응 장애, 학습 장애, 품행 장애, 등교 거부 등의 주요 원인이 되기도 한다. 그러나 더욱 무서운 것은 소아 비만아들이 사춘기에 접어들어 갖가지 심리적 부작용을 반복적으로 겪으면서 충동적 자살 기도는 물론 약물 남용 등을 일삼게 되는 것이다.

이런 정신적인 손상은 소아 비만아의 연령이 높아질수록 커지는데 사춘기가 되면 극에 달하게 되고 성인이 되면 사회에서 고용 차별이라는 냉대를 받게 된다.

소아 비만아의 정신 치료는 어른을 대상으로 하는 것과 기본 원리는 같지만, 실제 임상 현장에서 적용되는 세부적인 문제는 조금 다르다. 그리고 일반적으로 어른의 정신 치료보다는 고난이도의 숙련을 요구한다. 왜냐하면 아이들은 정서가 완전하게 성숙된 것이 아니라 현재 만들어지는 과정에서 문제가 발생한 것이기 때문에 자칫 잘못하다가 치료 방법이 오히려 역효과를 낼 수 있다. 따라서 어린이 정신 치료의 방법으로는 아이 시선에 맞는 놀이 치료, 집단 치료, 개인 정신 치료, 인지-행동 치료, 가족 치료 등을 통해 다양하게 이루어져야 한다. 하지만 무엇보다 가장 효과 좋은 방법은 비만 치료다.

병원에서 소아 비만을 치료하는 아이들을 보면 가장 눈에 띄게 변하는 것이 얼굴 표정이다. 비만 치료를 통해 외모에 대한 자신감을 갖게 되고 점점 자신에 대한 자신감, 자긍심을 갖게 된다. 또 사람을 만나는 데도 어색해하지 않으며 항상 밝은 얼굴로 낯선 사람을 대하는 놀라운 변화를 보인다. 물론 열등감, 우울증 등으로 정신적인 피해가 크다면 소아 정신과, 행동 발달 클리닉 등을 찾아가 상담을 받고 치료를 해야겠지만 무엇보다도 먼저 이루어져야 할 것은 우울증의 원인인 소아 비만을 치료하는 것이다.

잘못된 다이어트,
무엇이 문제일까요?

잘못된 다이어트 상식

다이어트 공화국!

최근 몇 년 사이 우리 나라는 '다이어트 공화국'이란 말을 써도 될 만큼 다이어트가 생활화되었다. 국민 10명 중 6명이 다이어트를 경험했고, 그 중 3명은 한 달에 열흘 이상을 다이어트에 투자하고 있다는 조사 결과를 보면 그 열기가 얼마나 뜨거운지 알 수 있다. 그 조사에 참여한 사람들 중 70% 이상이 자신이 뚱뚱하다고 생각하고 있다. 또 그 중 40%는 현재 체중에서 5kg 이상을 감량하고 싶다고 한다. 다이어트를 하고 있음에도 자신이 뚱뚱하다고 생각하는 사람들이 많은 이유는 무엇일까?

첫째, 많은 사람들이 정상 체중의 수치를 낮게 측정하고 있다. 비만도 체크를 하면 정상이거나 정상 체중에 한참이나 미달인 수치임에도 겉으로 보이는 외모만을 보고 자신이 살이 쪘다고 생각한다.

둘째, 무조건 체중만 감량하는 것에 치우쳐 제대로 된 다이어트를 하지 못하고 있다. 특히 어린이들이 실패를 많이 하는데 이런 현상은 병원에서 치료를 받아야 하는 소아 비만에 대한 인식이 없어서 성인과 똑같이 체중 감량에 매달리고 있기 때문이다. 소아 비만을 성인 비만과 똑같이 생각하면 안 된다. 성인 비만은 그 치료와 관리 기준이 표준 체중에 가깝도록 체중을 감량하고 유지시키는 것이 목표가 된다. 그러나 성장기에 있는 소아는 어느 정도의 체중 감량이 적당한지에 대한 기준이 분명치 않다. 체중 감량을 위한 식사 제한이 올바른 성장에 장애를 초래하고 심리적 스트레스를 주어 아이들이 신경성 무식욕증이나 폭식증, 거식증 등에 걸릴 수 있다. 잘못된 다이어트로 아이들이 제대로 된 성장을 못하는 것은 물론 어린 나이에 성인병에 걸리게 되는 것이다.

소아 비만은 아이의 '성장'을 고려하고 성인 비만으로 이어지는 것을 막기 위해 재발하지 않도록 신경 써야 한다. 우선 가까운 소아과를 찾아 1차적인 소아 비만 검진을 받는다. 그래서 아이의 정확한 비만도를 알고 그에 따른 전문적인 소아 비만 치료 프로그램에 참여하여 올바른 다이어트를 해야 할 것이다.

3

어린이 다이어트에서
유념해야 할 것들

"체중을 많이 빼는 거 아닌가요?"

병원을 찾는 엄마들에게 다이어트에 대해 물어보면 무작정 살 빼는 것으로 말한다. 우리가 매일 접하는 대중 매체를 봐도 그 심각성을 알 수 있는데, 단시간 내에 체중을 많이 감량한 것을 다이어트의 성공이라고 이야기한다.

하지만 비만인 사람들에게 필요한 다이어트는 단순히 체중을 빼는 것이 아니라 몸의 비만도를 줄여서 표준 체중 전후로 몸 상태를 유지하는 것을 말한다. 때문에 전문가들은 무조건 굶거나 무리한 프로그램으로 단시간 내에 체중을 감량하는 것에 대해 경고한다. 이럴 경우 건강을 해칠 뿐만 아니라 도로 살이 찌는 요요 현상이 일어나 몸 상태를 더욱 악화시킨다.

뿐만 아니라 체중을 빼는 방법도 문제다. 체중을 빼기 위해 가장 많이 사용하는 것은 식이 요법인데 말이 식이 요법이지 대부분의 사람은 무조건 굶는 방법을 선택한다. 굶는 방법이 단시간에 가장 큰 효과를 나타내기 때문이다. 또 무조건 굶지 않으면 갑작스럽게 많은 운동을 한다. 손 하나 까딱하지 않고 먹는 것만 즐기던 아이들에게 칼로리 소모를 위해 운동을 하게 하거나 동네 몇 바퀴를 돌게 한다. 그러나 이런 다이어트 방법은 연속적일 수 없고 아이에게 스트레스와 강박관념을 주어 건강을 해치게 된다. 또 아이들에게 무조건 굶는 방법은 소아 비만의 치료가 아닌, 벌을 주는 체벌과도 같게 된다.

성인 비만의 경우 꾸준한 운동이나 자가 식사 조절 등으로 간단한 다이어트를 통해 비만도를 줄일 수 있지만 소아 비만의 경우는 다르다. 소아 비만은 성인과 달리 병원에서 검진을 받고 그에 따른 치료를 해야 한다. 즉 천식, 감기 등과 같은 질병으로 여겨야 한다. 어린이 비만 다이어트에 대해 유념해야 할 점을 살펴보자.

● 어린이 비만 다이어트는 부모와 함께해야 한다.

비만 관리 프로그램은 다른 말로 건강 프로그램이기도 한데 체중이 적게 나가는 사람이 참여하면 더 건강해진다. 따라서 딱히 소아 비만아만 참여하는 프로그램으로 생각해서 아이만 보낼 것이 아니라 온 가족이 모두 참여하도록 하자. 특히 비만아에게만 인내를 강요할 때보다 가족 전원의 이해와 협력이 있으면 성공할 가능성이 높아진다. 연령이 낮은 소아는 의지가 약하고 인내심이 부족하므로 비만아의 연령이 적을수록 부모의 역할이 중요하다. 아이에게만 음식을 조절하게 하고 운동을 시키는 것이 아니라 부모가 함께 참여해서 아이가 생활 습관처럼 자연스럽게 실행할 수 있게 해야 한다. 만약 아이에게만 별도의 음식을 주거나 가족들과 떨어진 장소에서 혼자 운동을 하게 하거나 칼로리 소모를 위해 무조건 아이를 내몬다면 비만 치료가 어려울 뿐만 아니라 정서 발달에도 문제를 야기시킬 수 있다.

● 단시간 내에 성공하려는 욕심을 버려야 한다.

비만 치료는 성공했다 해도 재발하는 경우가 많다. 특히 단시간 내에 체중 감량이 컸던 비만아는 체중이 다시 그 예전으로 되돌아오거나 또는 비만도가 더 높아지는 요요 현상이 일어나기 쉽다. 따라서 단시간에 체중을 줄이려 하는 것보다 천천히 시간을 두고 다양한 방법을 통해 치료해야 한다.

● 소아 비만은 병원에서 치료한다.

보통 소아 비만 역시 성인 비만으로 간주하고 집에서 아이 스스로 절제력을 길러서 음식을 조절하거나 칼로리 소모를 많이 하도록 하는 경우가 많다. 그러나 소아 비만은 성인 비만과 다르다.

소아 비만은 단지 외형적으로 보기에 좋지 않아서 치료하는 것이 아니라 성장 자체에 이상을 주거나 건강을 해치는 확률이 높기 때문에 체중 감량을 목적으로 하지 않고 건강한 성장을 목적으로 치료해야 한다. 따라서 성인을 기준으로 한 체중 감량 프로그램은 위험하다. 성인에 비해 더 체계적이고 아이 스스로 이해하고 관리할 수 있는 능력을 기를 수 있는 시스템이 필요하다. 그러기 위해서는 소아 내분비 전문의를 중심으로 한 의료진과 소아 전문 영양사, 운동 처방사 및 심리학자 등의 전문가들을 통해 치료할 수 있는 프로그램에 참여하는 것이 가장 바람직하다.

잘못된 어린이 다이어트,
무엇이 문제인가?

소아 비만에 대한 이해가 전혀 없고, 단순히 아이의 체중 감량을 위해 다이어트를 하게 되면 아이들에게 발생하는 문제가 크다. 우선 성장 발달에 영향을 주어 키가 작거나 체격이 왜소한 아이로 성장하기 쉽다. 또 내장 기관의 약화로 허약해지거나 질병이 생길 위험이 크다. 그리고 자신의 외모에 대한 부정적인 생각이 자리잡아 자신감이 없고 소극적인 사람으로 성장하기 쉽다. 따라서 무작정 다이어트를 시도하지 말고 병원을 찾아 전문적인 치료를 받도록 하자.

병원을 찾는 소아 비만 환자들이 시도했던 다이어트 방법을 유형별로 나누어 문제점을 좀 더 세밀하게 알아보자.

| case 1 : 일단 무조건 굶어요 |

비만, 즉 체형이 뚱뚱한 사람들이 가장 쉽게 도전하게 되는 다이어트 방법이다. 물론 소아 비만 치료 과정에도 섭취 칼로리를 줄이는 식이 요법이 있지만, 단순히 칼로리만을 줄인다고 효과가 좋은 것은 아니다. 특히 영유아들은 한창 성장하는 시

기이기 때문에 굶는 것이 성장 발달에 해가 되는 것으로 이어진다.

또 칼로리를 줄여 음식을 섭취하게 되더라도 성장 발달에 필요한 영양분을 섭취하지 못해 이뇨와 나트륨 배설에 의한 탈수로 기립성 저혈압, 실신, 피로, 현기증, 두통, 근육 경련 등의 부작용이 일어날 수 있으므로 각별히 주의를 기울여야 한다.

⊙ 일어날 수 있는 부작용

● 성장 발달에 문제가 된다.

만 15세 이하는 한창 성장하는 시기다. 성장의 밑거름은 단연 음식이다. 아이들은 영양분을 음식을 통해 섭취하기 때문에 음식 섭취량이 갑작스럽게 줄어들면 당연히 섭취하는 영양분도 줄어들게 된다. 특히 병원에서 처방을 받지 않고 집에서 자율적으로 음식을 조절하게 될 때는 음식의 영양을 전혀 고려하지 않고 조절하기 때문에 성장에 필요한 영양소를 충분히 섭취하지 못할 수 있다.

● 폭식증·거식증에 걸리기 쉽다.

음식 조절 중에 가장 많이 하는 방법이 무조건 굶는 것이다. 성인보다 조절력이 떨어지는 아이들은 갑자기 음식 섭취를 중단하게 되면 음식에 대한 욕구가 최대한으로 높아지거나 반대로 떨어지기 쉽다. 따라서 음식만 보면 달려들어 많이 먹게 되는 폭식증에 걸리거나, 음식을 전혀 먹지 않는, 먹더라도 바로 구토해 버리는 거식증에 걸리기 쉽다.

무조건 굶는 다이어트가 반복되다 보면 체중에 대한 강박적인 사고가 생겨 이미 섭취한 음식물을 내 몸에서 없애려는 비정상적인 행동이 일어나게 되는데, 예를 들어 체중 증가가 두려워 먹은 음식을 다 토해 내거나, 설사제, 이뇨제, 혹은 다이어트 약물 등을 섭취하게 된다. 또 엄격한 식사 제한과 굶기 및 격렬한 운동 등과 같은 행동을 규칙적으로 반복하게 된다. 이렇게 되면 건강을 해치게 되는 것은 물론 부작용으로 죽음으로까지 이어질 수 있다.

● 체내 기관이 약화된다.

음식 조절을 잘못할 경우 소화 기관은 물론 내장 기관이 약화되어 평생 허약한 아이로 성장하게 된다. 특히 소량의 음식을 소화하다가 갑작스레 많은 음식을 먹게 되거나 짠 음식, 매운 음식을 섭취하게 되면 위에 자극을 주게 되는 등 부작용이 일어난다.

　　가장 일반적인 증상들은 피로, 권태, 탈모 등이 있다. 또 두통, 집중력 장애 등이 쉽게 일어난다. 그리고 소화기가 약해져서 구토, 변비, 설사, 복통, 담석증이 생기기 쉽고 비뇨기 약화로 전해질 및 무기질 손실, 요산 결석이 생길 수 있다. 뿐만 아니라 여아의 경우 월경 불순은 물론 성인이 되었을 때 불임이 될 수도 있다.

| case 2 : 운동을 열심히 합니다 |

병원을 찾는 엄마들이 마지막으로 시도하다가 지치는 방법이 운동이다. 물론 운동은 비만도를 줄이는 데 도움이 되는 방법이다. 그러나 전문가의 도움 없이 무조건

운동을 시켜서 칼로리 소모에만 눈이 먼다면 좋은 효과를 볼 수가 없다. 오히려 아이는 물론 엄마도 지쳐서 포기 상태에 이르게 된다.

⊙ 일어날 수 있는 부작용

● 다이어트를 쉽게 포기하게 된다.

소아 비만아를 치료하기 위해 사용되는 운동 요법은 수영, 태권도, 헬스 등이 있다. 평상시 활동량이 전혀 없던 소아 비만아들이 갑작스럽게 태권도다 수영이다 해서 무리하게 몸을 움직이다 보면 운동에 대한 거부감이 생기고 운동 후에 나타나는 공복감을 참지 못해 치료 전보다 더 많은 양의 음식을 먹게 된다.

또 식이 요법 없이 운동 요법만 시도할 경우 효과가 매우 천천히 나타나기 때문에 쉽게 포기할 가능성이 크다. 운동을 많이 해도 살이 빠지지 않게 되면 아이들은 "나는 원래 뚱뚱해." 하면서 자신감을 잃게 되어 살을 빼려는 의욕마저 잃는다.

● 평소 음식 섭취량보다 더 많이 먹는다.

소아 비만인 아이들이 갑자기 많은 양의 운동을 하게 되면 배고픔을 더 많이 느끼게 된다. 따라서 식이 요법과 병행하지 않을 경우엔 운동 후 더 많은 음식을 섭취하게 되고 하루 세끼 외에 먹는 음식의 양이 더 늘게 된다. 따라서 운동으로 100kcal를 소모했다 하더라도 운동 후 400kcal를 더 섭취하여 오히려 체중이 더 늘어나는 역효과를 얻게 된다.

또 갑작스레 운동을 하게 되면 목이 말라서 물을 많이 마시거나 청량 음료 섭취를 늘이는데 한 시간 운동을 할 경우, 일반적으로 210kcal를 소모한다. 그런데 운동을 한 뒤에 콜라 한 캔을 마신다면 콜라 한 캔의 열량이 250kcal로 운동을 한 효과가 없어지는 것은 물론 오히려 칼로리 섭취를 더한 결과가 된다.

| case 3 : 갖가지 다이어트 방법을 동원해 봤어요 |

텔레비전은 물론 갖가지 광고를 통해 다이어트 방법이 소개되고 있다. 그 중 대다수가 성인을 위한 것이지만 성인 건강에도 해로운 방법이 많다. 그런데도 엄마들은 갖가지 다이어트 방법을 아이에게 강요한다. 병원을 찾은 아이들 중 다이어트 방법을 한 가지라도 시도해 본 아이들이 70%를 넘는 것을 보면 그 문제가 심각하다는 것을 알 수 있다. 문제가 되는 다이어트 방법으로는 다음과 같은 것을 들 수 있다.

사과 다이어트

사과 다이어트는 지정한 기간 동안 아무것도 먹지 않고 먹고 싶은 양의 사과만 먹는 방법이다. 사과에는 각종 비타민, 체내 흡수력이 좋은 과당, 포도당, 사과산, 무기질 등이 함유되어 있다. 또 섬유소가 많을 뿐만 아니라 거의 소화되지 않아서 포만감이 오래 유지되어 다이어트를 하기에 좋은 식품이다. 그 때문에 사람들이 사과 다이어트를 많이 시도한다.

⊙ 일어날 수 있는 부작용

사과 다이어트를 하게 되면 우선 체중 감량이 쉽게 이루어지지 않는다. 뿐만 아니라 사과에는 체내 독소를 몸 밖으로 배출하는 작용이 있어 아무것도 먹지 않고 사과만 먹을 경우 체내에 있는 독소가 몸 밖으로 빠져나간다. 물론 독소를 배출해 낸다는 장점도 있지만 소아일 경우, 오감이 민감해지고 장 기능이 약해진다. 따라서 평소에 먹던 음식을 제대로 소화해 내지 못하게 되며 내장 기능이 둔화된다. 한창 성장하는 아이들에게 필요한 영양소를 제대로 공급하지 못해 영양 결핍에 걸리기도 쉽다. 또 영양 결핍으로 제대로 된 성장 발달을 하지 못해 체중이 빠졌다 해도 키가 크지 않는 등의 부작용이 일어나게 된다.

분유 다이어트

분유 다이어트는 영아들이 분유만으로도 성장 발달을 이루는 것을 보고 시작하게 된 방법이다. 분유에는 영양소가 골고루 들어 있고 포만감을 주기 때문에 인기가 있다. 특히 분유 다이어트는 하루 종일 분유만 먹는 것이 아니라 하루에 한 끼만 분유를 뜨거운 물에 타 먹는 것이어서 소아 비만아들이 시도를 많이 한다.

⊙ 일어날 수 있는 부작용

분유 다이어트를 하면 일주일 정도가 지나면 1kg 이상 체중이 감량된다. 하지만 분유 다이어트는 세 끼 중 한 끼만 소량을 먹는 것과 마찬가지여서 한 끼를 굶는 것과도 같다. 음식 조절 능력이 없는 아이들은 포만감이 적은 분유를 먹고 금세 배고파 하며, 엄마 몰래 다른 음식을 먹기 쉽다. 따라서 더 많은 칼로리를 섭취하게 되는 역효과를 낳게 된다. 또 분유를 오래 먹다 보면 설사를 하게 된다. 어린 아이들은 설사를 하게 되면 영양 결핍은 물론 내장 기능이 약화되어 성장 발달에 이상이 올 수 있다.

요구르트 다이어트

요구르트 다이어트는 효소 음료 즉 야채 주스 등과 더불어 요구르트를 약 일주일 동안 점심 시간에 집중적으로 먹는 방법이다. 장을 건강한 상태로 만들어줄 수 있고 체중이 감량되는 일석이조 효과 때문에 아이들이 많이 시도한다. 또 장 운동이 활발해진다는 설 때문에 엄마들이 변비에 걸린 아이들에게 적극 권장하기도 한다.

⊙ 일어날 수 있는 부작용

점심뿐만 아니라 아침, 저녁에도 요구르트를 마시면 2주일 동안 체중의 10%가 빠질 수 있다. 그러나 포만감이 없어서 아이들은 기운이 빠진 채 생활을 하게 되고 음식을 보면 무조건 많이 먹는 폭식증에 걸리기 쉽다. 또 요구르트에는 당 성분이 들어 있어 요구르트를 많이 먹게 되면 오히려 식욕이 당기는 일이 생긴다. 그리고 체중 감량에 성공을 해도 일반 음식을 먹을 때 구토증 등의 부작용이 일어날 수 있으므로 조심해야 한다.

물 다이어트

물 다이어트는 식사를 하기 전에 물을 마셔서 공복감을 없애는 것으로, 간식이 먹고 싶거나 공복감을 느낄 때도 물을 마시는 방법이다. 또 물은 체내에서 쉽게 밖으로 배출된다는 장점이 있고, 하루 세 끼를 모두 먹을 수 있다는 점에서 많이 시도된다.

⊙ 일어날 수 있는 부작용

물 다이어트는 성공하기가 쉽지 않다. 아무리 물을 먹어도 먹는 양이 전과 비슷하거나 그보다 많을 경우에는 꾸준히 체중이 늘어나게 된다. 또 공복에 물을 많이 마시거나 물만 마시고 식사를 하지 않을 경우엔 위에 부담을 주어 위염, 위궤양에 걸릴 수 있다. 또 신장 기능이 약한 아이들은 몸이 붓는 부작용이 일어날 수 있고, 부은 것이 살이 될 수 있으므로 조심해야 한다.

벌꿀 다이어트

벌꿀 다이어트는 하루 식사 대신 꿀을 먹는 방법이다. 벌꿀 속에는 각종 비타민 및 무기질 등이 들어 있어 다이어트를 하게 되면 빈혈이 일어나거나 영양 결핍에 걸리는 부작용 발생이 적다고 알려져 있다. 벌꿀 다이어트를 할 때 한 번에 먹게 되는 분량은 큰 숟가락으로 2스푼 정도, 약 20g 정도를 먹어야 한다.

⊙ 일어날 수 있는 부작용

공복감이 커서 폭식을 하게 될 가능성이 많다. 이러한 다이어트를 하게 되면 위가 민감해져서 바로 일반식을 하기가 어렵다. 뿐만 아니라 성장하는 아이들에게는 필요한 영양소를 제대로 공급해 주지 못하게 되어 성장 발달에 방해가 된다.

황제 다이어트

황제 다이어트는 탄수화물 식품은 극도로 제한하고 어육류는 마음껏 먹으라는 저당질 식이 요법의 원리를 이용한 방법이다. 탄수화물 섭취를 극도로 제한하면 체지방이 에너지원으로 이용되어 체중이 줄게 된다. 금기 식품은 밥, 밀가루 음식, 감자, 고구마, 당근, 마늘, 양파, 미역, 다시마 등이 있다. 먹어도 되는 음식은 육류, 생선, 달걀, 상추, 버터, 치즈, 기름, 무, 오이 등이다.

◉ 일어날 수 있는 부작용

성장 발달에 필요한 탄수화물을 극도로 제한하기 때문에 케톤과 요산을 증가시킨다. 또 수분을 감소시켜서 생리적 이상을 만들어내기 쉽다. 따라서 신장에 이상이 생기기 쉽고 케톤이 체내에 쌓이게 되면서 피로감, 메슥거림 등의 부작용을 낳기 쉽다.

육류 섭취를 권장하는 다이어트 프로그램이므로 한창 성장하는 아이에게 다량의 육류 섭취로 인한 성 호르몬의 과다 분비를 유도하여 사춘기가 빨리 오게 할 수 있고, 성장이 일찍 멈추게 되어 최종 성인 키는 작아질 수 있다.

미역 다이어트

미역 다이어트는 미역국을 끓여서 하루 세 끼 먹는 것으로 밥과 다른 반찬을 소량 먹을 수 있다. 미역을 섭취하면 신진 대사가 활발해지는 것은 물론 칼슘, 철분 등의 영양분이 함유되어 영양 결핍 부작용을 막을 수 있다. 또 미역을 비롯한 해조류는 지방을 빠르게 분해시키는 효과가 있어서 인기 있는 방법이다.

⊙ 일어날 수 있는 부작용

매일 같은 음식을 먹게 되어 아이들이 미역에 질릴 수가 있다. 또 밥과 반찬을 함께 먹기 때문에 다이어트 효과가 전혀 나타나지 않을 확률이 높다. 만약 미역국만 먹게 된다면 단백질 공급이 전혀 안 되기 때문에 성장 발달에 방해가 되는 것은 물론 건강에 문제가 발생하게 된다.

| case 4 : 다이어트 약을 먹었어요 |

먹으면서 살을 뺀다는 생각에 다이어트 약을 복용하는 아이들도 있다. 비타민, 미네랄, 허브 등을 함유하고 있다면서 아동들을 대상으로 하는 다이어트 약이 판매되고 있기 때문이다. 밥을 먹으면서 살을 뺄 수 있다는 광고의 현혹에 빠진 엄마들은 아이들에게 영양제처럼 약을 먹이기도 한다. 물론 약을 복용하는 아이들의 경우가 흔치는 않지만 병원을 찾은 소아 비만아들 중 매년 1% 정도로 그 숫자가 늘고 있어 문제가 심각하다.

⊙ 일어날 수 있는 부작용

성장기 아이의 경우 무리한 다이어트는 오히려 아이의 성장을 방해하는 요인이 되므로 체중을 조절하는 가장 중요한 이유는 건강해지기 위한 것이라는 점을 잊지 말아야 한다. 소아 비만아는 칼로리를 필요 이하로 섭취하되 생리 대사에 필수적인 영양소는 부족하지 않도록 하고, 많이 움직여서 모자라는 칼로리를 충당하기 위해 체지방을 분해하여 써버리도록 해야 한다. 하지만 현재 시중에 나와 있는 소위 비만 치료제라는 것들은 대개 이뇨제, 설사제, 혹은 단지 포만감을 주기 위한 것으로 부작용을 초래할 수 있다. 또 식사를 거르거나 무작정 굶는 것은 잘못하면 체지방뿐 아니라 기본 골격과 근육을 감소시키는 원인이 되어 결국엔 올바른 성장이 이뤄지지 않게 된다. 이런 식으로 정확하지 않은 다이어트를 해서 살을 뺀다고 해도 요요 현상으로 다시 원래 체중으로 돌아온다거나 더 많은 몸무게를 갖게 될 수도 있기 때문에 소아 비만 치료를 목적으로 시도했다가 오히려 역효과가 나타나게 된다.

살 빼는 약으로 잘 알려진 소아 다이어트 약은 식욕 억제제, 즉 밥맛을 없게 만드는 약이다. 이 약물에 들어 있는 성분들은 뇌 속의 자율 신경(포만중추)을 자극하여 식욕을 억제하는 작용을 하기 때문에 이로 인해 식사량이 줄어들어 살이 빠지는 원리다. 그러나 카페인이 들어 있어 습관성이 될 확률이 높은 것은 물론이고 약을 먹지 않는 동안에는 식욕이 되돌아와 결과적으로 다시 원래 체중으로 돌아가거나 더 살이 찌게 된다.

또 섬유질 제제를 살 빼는 약으로 잘못 알고 있는 경우도 많이 있는데, 이러한 제품들은 먹으면 포만감을 주어 식사량을 제한해도 공복감을 느끼지 않는 원리를 이용한 것이다. 그런데 과다한 섬유질은 영양소의 흡수까지 방해하므로 오랫동안 많은 양을 먹을 경우에는 영양 결핍이 일어나는 부작용이 있다. 평소 식생활에서 섬유질이 부족하다고 느껴질 때 조금씩 섬유질을 보충한다는 기분으로 먹는다면 괜찮지만 살을 빼겠다는 욕심으로 먹는 것은 곤란하다.

소아 비만 치료는 부모 손에 달려 있습니다

비만, 병원에서
치료하세요

"살 빼러 병원에 간다고 하면 이상하게 생각하는 사람들이 아직 많은 것 같아요."

육아 잡지사에서 취재하러 왔을 때 들은 이야기다. 아이를 키우고 있는 엄마들은 아이가 살이 쪘기 때문에 병원에 가야 한다는 생각을 안 한다는 것이다. 그래서 집에서 자율적으로 해결할 수 있는 답안을 잡지사에 문의하는 경우가 많단다.

"의사 선생님들 말대로 병원에 가보라고 기사를 쓰면 백발백중 항의 전화가 와요. 육아 잡지가 엄마들을 유별나게 만든다는 거죠."

하지만 소아 비만은 병원을 찾는 것이 유별난 일이 아니다. 오히려 소아 비만을 그대로 방치해서 성인 비만으로 이어지면 처음부터 전문적인 치료를 해주지 못한 부모에게 책임이 돌아간다. 부모의 잘못된 생각으로 아이는 '비만'이라는 고질병을 평생 떠안고 살아야 한다고 생각해 보자! 아이에게 평생 미안해지는 일이다.

따라서 소아 비만 치료는 부모 손에 달려 있다. 부모가 소아 비만을 '병'으로 인식한다면 치료는 시간 문제다. 소아 비만은 '병'이고, 부모와 아이의 노력으로 자연스럽게 해결되는 것이 아니다. 비만도가 어느 정도인지 파악한 뒤 그에 따른 전문적인 치료가 뒤따라야 완치될 수 있다.

병원을 찾기 전,
엄마가 미리 확인할 사항들

소아 비만을 진단하는 데는 여러 방법이 있다. 하지만 무엇보다 자가 진단을 통해 소아 비만 검진을 받아야 할지에 대한 판단을 먼저 하는 것이 가장 좋은 방법이다. 자가 진단을 위해서는 아이의 성장에 대한 기록이 있어야 한다. 일반적으로 육아 수첩 등에서 흔히 볼 수 있는 아이들 성장 곡선을 따라 아이의 나이에 맞추어 체크를 해보도록 한다. 성장 곡선을 보면서 어느 순간 갑작스런 체중 증가를 보이거나 같은 성과 연령에서 체중이 97백분위수 이상일 때, 혹은 체질량지수가 30 이상이면 병원을 찾아 검진을 받아야 한다.

하지만 성인 비만과 달리 성장기에 있는 아이들의 비만은 수치화하여 객관적으로 어느 이상이면 비만이라고 딱 부러지게 말하기 어렵기 때문에 아이 성장의 전반을 살펴보는 것이 좋다. 그리고 자가 진단은 어디까지나 참고를 위한 것이고 소아 내분비 전문의의 진료를 통해 올바른 검사를 받도록 한다.

하지만 무작정 병원을 찾는다고 문제가 해결되는 것은 아니다. 병원을 찾기 전에 엄마가 미리 체크하고 준비해야 하는 것들이 몇 가지 있다.

자가 진단을 통해 아이의 비만도를 체크한다.

가족들이 보기에 뚱뚱한 건지, 아니면 가족들이 보기엔 정상이지만 실제로 아이가 소아 비만인지 병원을 찾기 전에 미리 체크해 본다. 신장과 체중만 알면 계산법에 의해 체크할 수 있는 자가 진단법이 많기 때문에 그리 어려운 일은 아니다.

아이의 성장 그래프를 미리 그려본다.

병원을 찾으면 여러 가지 작성해야 하는 체크표가 많다. 그 중 가장 기본적인 것은 현재 아이의 신장과 체중이다. 이것은 병원에서 바로 해결할 수 있는 문제이지만 아이의 성장 곡선을 그릴 때 도움이 되는 예전 신장과 체중은 병원에서는 가늠하기가 힘들다. 태어났을 때부터 꾸준히 체크하지 않았다면 할 수 없지만 육아 일기 혹은 병원 검사표 등을 통해 기록을 갖고 있는 경우에는 연령과 신장 또는 체중을 그래프 축으로 만들어 성장 그래프를 작성한다.

엄마 아빠의 신장과 체중을 정확하게 안다.

병원을 찾는 아이들을 검사하기 위해 면담을 하다 보면 부모에 대한 유전적인 요소를 찾기가 매우 힘들 때가 있다. 엄마들은 함께 병원을 찾기 때문에 괜찮지만 아빠들이 병원에 오지 못할 경우는 엄마의 설명에 의존할 수밖에 없다. "약간 뚱뚱한 것 같아요.", "키가 커서 살찐 것이 그렇게 티 나지는 않는데요."라는 개인적인 생각은 검진에 전혀 도움이 되지 않는다. 따라서 엄마 아빠의 체중과 신장을 정확히 기입해서 부모의 비만도도 쉽게 측정할 수 있게 한다.

일주일치 가족 식단을 미리 체크한다.

식단표를 작성하는 엄마라면 가족들이 먹는 식단을 일주일 또는 한달치 미리 작성하는 것이 좋다. 만약 식단표를 작성하지 않는다면 일주일 정도 여유를 두어 일주일 동안 가족들이 먹는 음식의 종류와 양을 정확하게 기입한다.

아이의 활동량과 음식량을 적는다.

아이가 하루에 어떤 음식을 얼마나 먹는지, 그리고 하루 활동량은 얼마나 되는지 적어서 병원을 찾으면 검사가 수월해진다. 뿐만 아니라 좋아하는 음식과 싫어하는 음식 등을 정확하게 기입해 오면 아이의 개인적인 상황에 맞춰 치료법을 찾아내기 쉽다.

아이에게 소아 비만에 대한 설명을 미리 해둔다.

아이들은 '병원'에 거부감을 갖고 있다. 병원을 찾아 검사와 치료를 할 경우 겁을 내거나 소아 비만에 대한 인식을 잘못 가질 수 있다. 따라서 소아 비만은 중병이 아니라 누구나 흔히 걸릴 수 있는 병이라는 것을 설명하고, 병원을 찾아 제대로 된 치료를 받으면 완치할 수 있다고 미리 이야기해 두는 것이 좋다.

아이에 따라
치료도 다릅니다

소아 비만 치료는 소아 비만도, 그리고 개인적 특성에 따라 치료 방법이 다르다. 무조건 체중 감량을 하는 데만 치중하지 말고 성장과 개인 성격, 생활 습관 등을 고려하여 조심스럽게 접근한다. 따라서 소아 비만 치료 전문가들의 도움을 받아 아이의 성향을 파악하는 것이 중요하다.

소아 비만 치료는 우선 비만도에 따라 큰 틀을 잡는데 경도 비만에 속하거나, 최근 2년간 비만도의 증가가 10% 이내로 안정되어 있는 경우에는 현재의 체중을 그대로 유지시키는 것이 좋다. 따라서 이런 아이들은 현재의 체중을 그대로 유지시킬 수 있는 프로그램을 적용하여 치료하는 것이 좋은데, 아이들은 키가 크면서 겉보기에 체중이 감량하는 것처럼 날씬해지기 때문이다. 그러나 7세 이상의 소아라면 혈압, 콜레스테롤, 간 기능 검사 등을 실시한다.

검사에 이상이 없는 경우에는 2~3개월에 한 번씩 정기 건강 진단을 받거나 신장과 체중을 측정하여 비만이 심해지지 않나 확인하고 식이 요법과 운동을 실시하는지 조사한다.

검사에 이상이 있는 비만아들은 정기 건강 진단은 1~2개월에 1회 실시하고,

수개월마다 합병증 검사를 실시한다. 그러나 엄격한 소아 비만 치료 관리나 지도는 필요 없다. 성장하는 아이에게 필요한 바른 식사와 운동을 하도록 지도하는 것이 가장 바람직하다.

비만도 30% 이상이거나 중등도~고도 비만, 그리고 최근 2년간의 비만도가 10% 이상 증가하고 있는 경우에는 치료를 시작해야 한다. 우선 합병증을 찾기 위해 AST, ALT, 혈총 콜레스테롤, 중성 지방, HDL 콜레스테롤, LDL 콜레스테롤, 심전도, 공복시 혈당, 헤모글로빈 A1c, 소변 검사, 혈압 측정 등을 한다. 그리고 치료를 시작하는 데 식이 요법과 운동 치료, 행동 요법 치료 등을 병행한다. 또 합병증 검사를 거치고 난 뒤에는 결과에 따라 다음과 같은 치료 및 검진을 받도록 한다.

● 비만도 40% 미만으로 합병증이 없는 경우

소아 비만도를 20% 정도로 낮추는 것을 목표로 치료한다. 체중 감량은 필요 없으나 청소년 후기에 들어선 소아 비만일 경우에는 매월 1~2kg 정도 체중 감량을 하는 것이 좋다. 체중 관리 방법이 습관이 될 때까지는 건강 진단을 1~2개월에 1회 받는다.

● 비만도 50% 미만으로 당뇨병 이외의 합병증을 동반한 경우

정기 건강 진단을 월 1회씩 받아 신장과 체중을 측정하여 식이 요법과 운동 요법이 순조롭게 시행되고 있는지 확인한다. 필요하면 매월 1~2kg 정도 감량을 하고

최초 목표는 경도 비만으로의 이행을 목표로 잡고, 최종 목표는 비만도 20% 내에 둔다. 검사 소견이 개선되고 체중 조절에 자신이 생기면 건강 진단의 간격은 2~3개월에 1회로 줄일 수 있다. 또한 최소 1년간은 치료를 받아야 한다. 검사치가 정상이 되고, 체중이 조절되더라도 때때로 건강 진단을 받아서 비만이 악화되고 있지 않은지를 확인한다.

● 비만도 50% 이상으로 당뇨병 이외의 합병증을 동반한 경우

매월 2~3kg을 감량 목표로 한다. 최초의 목표는 고도 비만에서 중등도 비만으로의 이행을 목표로 한다. 표준 체중과의 차이를 의식하면 차이가 너무 크므로 처음부터 감량할 기분이 나지 않기 때문에 처음에는 목표를 낮추어 잡고 감량의 성과가 오르면 조금씩 높여 잡는다. 정기 건강 진단을 매월 1회 실시하고 혈액 검사도 때때로 실시한다.

● 비만도 100%에 가까운 심한 고도 비만이나 당뇨병을 동반한 경우

가능한 한 입원시켜 치료한다. 퇴원 후에도 최저 월 1회씩 건강 진단을 받아야 한다. 가능한 한 장기간에 걸쳐 치료를 계속 받아야 한다.

전문적인
소아 비만 검사는 필수!

소아 비만 자가 체크법으로 소아 비만을 판단한 뒤에는 병원을 찾아 정밀 검사를 받는다. 병원에서 비만도를 체크하는 검사를 받고 비만일 경우 전문의의 구체적인 설명을 받는다. 그리고 빈혈 유무, 심전도 검사, 혈압 측정, 간장 기능 검사 등 다양한 검사를 한다. 또 부모가 모두 비만 유전적 요소를 갖고 있을 경우에는 좀 더 정밀한 검사를 해야 한다.

| 피하지방 두께 측정법 |

캘리퍼를 사용하여 여러 곳의 피하지방 조직을 측정하는 방법이다. 소아에서 지방 조직을 측정하는 가장 간편하면서도 정확한 방법이기도 하다. 피하지방 두께 측정은 엄지와 검지로 6~8cm 간격을 두고 피하조직을 잡은 후 부드럽게 흔들어서 근조직에서 떨어지게 한 후 캘리퍼를 측정한다. 이 방법은 측정시 손으로 아이의 지방 부분을 만지게 되므로 아이가 부끄러워하거나 자존심이 상할 수 있다. 따라서 검사를 실시하기 전에 부모가 먼저 검사 방법을 설명하고 이해를 시키도록 한다.

주로 견갑골하부, 상완배측부 등에서 측정하는데 피하지방 두께 측정은 신체의 지방 분포를 알 수 있고 근육질이 많은 소아를 비만이라고 잘못 판단하는 것을 바로 잡아준다. 또 견갑골하부의 피하지방 두께는 혈압 및 콜레스테롤치와 상관관계가 있기 때문에 소아 비만아들은 꼭 측정해야 한다.

| 초음파 피하지방 측정 |

피하지방을 초음파를 이용하여 측정하는데, 비용이 드는 만큼 정확한 수치를 알 수 있어 좋다.

| CT 스캔법 |

신체에 퍼져 있는 지방량을 비교적 자세히 알 수 있어서 겉보기엔 정상 체중의 아이처럼 보이지만 비만도가 높은 아이들이 사용하면 좋은 방법이다. 우선 CT 장치를 이용하여 몸을 단층 촬영한다. 지방 조직은 다른 조직과는 다른 농도로 나타나기 때문에 지방을 함유하지 않은 조직과 지방 조직이 분명히 구분된다. 지방 부분의 면적과 지방 이외의 부분 면적을 구해서 지방량을 추정하는 방법으로 지방 축적의 분포를 알아보는 데 유용한 방법이다.

| 호르몬 검사 |

성장 호르몬, 갑상선 호르몬, 성 호르몬, 인슐린 등에 대한 검사를 통해 호르몬 이상을 체크한다. 호르몬 검사를 통해 소아 비만으로 일어날 수 있는 호르몬 이상 증세를 조기에 발견하거나 예방할 수 있다.

| 방사선 검사 |

골 연령을 측정하여 제 나이에 맞게 성장하고 있는지 알아보고, 소아 비만아들에게 흔히 나타날 수 있는 뼈의 변화를 체크하여 합병증 발생 유무를 알아볼 수 있다.

| 심장 기능 검사 |

부정맥이나 고혈압 등 혈액 순환 이상의 위험을 알아본다.

| 폐 기능 검사 |

비만시 호흡력이 약해져서 호흡기 질환이나 천식의 위험도가 높아진다. 따라서 검사를 통해 조기에 발견하여 치료하도록 한다.

| 일반 혈액 검사와 소변 검사 |

소아 비만 증세가 심한 경우 이미 합병증이 진행될 수도 있다. 뿐만 아니라 소아 비만으로 기본적 건강에 이상이 있는지 확인하는 절차가 필요하다. 그리고 7세 이상의 소아라면 혈압, 콜레스테롤, 간 기능 검사 등을 실시한다

| 활동량 및 운동 능력 검사 |

아이의 활동 범위, 활동량, 즐겨 하는 운동 등을 통해 하루에 아이가 소비하는 활동량을 체크하고 심폐 지구력, 순발력 등을 기구를 통해 체크하여 운동 능력을 검사해 본다. 다음 페이지에 나오는 체크표를 보고 아이에 해당되는 사항을 확인해 봄으로써 병원에서 검사하는 방법을 알아보자.

| 식생활 검사 |

아이가 좋아하는 음식, 평상시 먹는 음식, 가족 식단, 음식을 먹는 습관 등을 체크하여 비만의 원인을 파악하고 아이의 하루 섭취 칼로리 등을 계산해서 식이 요법 시 줄여야 하는 칼로리 양 등을 가늠해 본다.

| 생활 및 성격 검사 |

소아 비만은 생활 습관에 의해 걸리기 쉽다. 게으르거나 운동을 하기 힘든 생활 계획을 갖고 있다면 당연히 운동 부족으로 칼로리 소모가 적어서 먹는 만큼 살이 찌기 쉽다. 특히 소아 비만과 아이들의 성격은 밀접한 관계에 있는데 소아 비만이 되어서 소극적으로 되거나 내성적으로 될 수 있기 때문에 검사를 통해 아이의 상황을 파악하는 것이 좋다.

| 운동 능력 검사표 1 |

⊙ 근력·근지구력

근력과 근지구력은 순발력과 함께 중요한 체력 요소다. 몸을 강하게 만들어주며 균형 잡힌 체력을 형성, 자신감과 적극성을 띄게 해준다.

윗몸 일으키기 | _____회 (30초 동안)

매우 약함 ( )   약함 ( )   보통 ( )   우수 ( )   매우 우수 ( )

✚ 윗몸 일으키기

(단위: 횟수)

등급 \ 연령	7세	8세	9세	10세	11세	12세	성
매우 우수	23이상	23이상	25이상	25이상	27이상	31이상	
우　수	19 – 22	19 – 22	21 – 24	22 – 24	24 – 26	26 – 30	
보　통	14 – 18	15 – 18	17 – 20	18 – 21	20 – 23	22 – 25	남자
열　등	10 – 13	9 – 14	11 – 16	14 – 17	15 – 19	17 – 21	
매우 열등	9이하	8이하	10이하	13이하	14이하	16이하	
매우 우수	19이상	21이상	22이상	24이상	24이상	25이상	
우　수	15 – 18	16 – 20	18 – 21	20 – 23	21 – 23	22 – 24	
보　통	9 – 14	10 – 15	13 – 17	15 – 19	16 – 20	17 – 21	여자
열　등	4 – 8	3 – 9	5 – 12	7 – 14	11 – 15	12 – 16	
매우 열등	3이하	2이하	4이하	6이하	10이하	11이하	

| 운동 능력 검사표 2 |

⊙ 유연성

관절 주변의 근육과 연결 조직을 부드럽게 해 원활한 신체 움직임을 돕는 체력이다.

앉아서 윗몸 앞으로 굽히기 | _____**cm**

매우 우수 ( )　　　우수 ( )　　　보통 ( )　　　열등 ( )　　　매우 열등 ( )

✚ 앉아서 윗몸 앞으로 굽히기

(단위: cm)

등급＼연령	7세	8세	9세	10세	11세	12세	성
매우 우수	14.1이상	14.6이상	14.7이상	15.1이상	15.1이상	15.3이상	
우　수	11.1 – 14.0	11.1 – 14.5	11.4 – 14.6	11.4 – 15.0	11.3 – 15.0	11.5 – 15.2	
보　통	7.4 – 11.0	7.6 – 11.0	7.6 – 11.3	6.6 – 11.3	7.2 – 11.2	7.3 – 11.3	남자
열　등	4.1 – 7.3	3.6 – 7.5	3.3 – 7.5	3.1 – 6.5	2.9 – 7.1	3.3 – 7.2	
매우 열등	4.0이하	3.5이하	3.2이하	4.8이하	2.8이하	3.2이하	
매우 우수	15.1이상	15.1이상	15.6이상	15.9이상	17.3이상	18.3이상	
우　수	12.1 – 15.0	12.1 – 15.0	12.1 – 15.5	12.1 – 15.8	13.1 – 17.2	14.1 – 18.2	
보　통	8.6 – 12.0	8.4 – 12.0	7.9 – 12.0	8.1 – 12.0	8.7 – 13.0	9.8 – 14.0	여자
열　등	5.1 – 8.5	4.7 – 8.3	3.9 – 7.8	4.9 – 8.0	3.4 – 8.6	4.7 – 9.7	
매우 열등	5.0이하	4.6이하	3.8이하	4.0이하	3.3이하	4.6이하	

| 운동 능력 검사표 3 |

⊙ 순발력

순간적으로 강한 힘을 발휘하여 나오는 힘으로, 자신의 방어력과도 관계가 있다.

제자리 멀리 뛰기 | _____cm

매우 약함 (   )   약함 (   )   보통 (   )   우수 (   )   매우 우수 (   )

✚ 제자리 멀리 뛰기

(단위: cm)

성별	연령	매우 약함	약함	보통	우수	매우 우수
남	7세	95.7이하	95.8 – 106.7	106.8 – 124.1	124.2 – 138.1	138.2이상
	8세	96.3이하	96.4 – 109.3	109.4 – 124.4	124.5 – 140.7	140.8이상
	9세	109.3이하	109.4 – 124.6	124.7 – 139.3	139.4 – 157.5	157.6이상
	10세	117.3이하	117.4 – 129.5	129.6 – 150.8	150.9 – 165.7	165.8이상
	11세	122.2이하	122.3 – 142.2	142.3 – 158.9	159.0 – 174.9	175.0이상
	12세	138.0이하	138.1 – 150.5	150.6 – 170.1	170.2 – 182.3	182.4이상
여	7세	83.8이하	83.9 – 96.5	96.6 – 107.3	107.4 – 123.6	124.7이상
	8세	84.6이하	84.7 – 96.9	97.0 – 109.2	109.3 – 122.0	122.1이상
	9세	89.0이하	89.1 – 104.8	104.9 – 119.0	119.1 – 139.6	139.7이상
	10세	103.1이하	103.2 – 116.5	116.6 – 133.0	133.1 – 149.6	149.7이상
	11세	104.6이하	104.7 – 119.7	119.8 – 136.6	136.7 – 149.2	149.3이상
	12세	109.1이하	109.2 – 131.9	132.0 – 153.8	153.9 – 162.6	162.7이상

| 운 동 능 력 검 사 결 과 |

⊙ 병원을 찾으세요 ▶ 매우 약함 3개, 혹은 약함 3개 이상

소아 비만 클리닉을 찾아 운동 치료는 물론 음식 치료 등 종합적인 치료를 받아야 하는 상황이다. 뿐만 아니라 비만도가 높거나 체력이 상당히 좋지 않기 때문에 병원에서 치료받는 것 외에 집에서도 꾸준한 운동 및 식습관 요법을 병행해야 한다.

만약 치료를 하지 않고 그대로 방치한다면 성장에 문제가 될 뿐만 아니라 체력이 점차 약화되어 합병증에 걸릴 가능성도 높다.

⊙ 전문적인 운동을 시작하세요 ▶ 매우 약함 1개, 혹은 약함 2개 이상

기초 체력이 많이 약한 편이다. 성장은 물론 자신감과 적극적인 성격 향상을 위해서는 꾸준한 운동을 바로 시작해야 한다.

우선 기초 체력을 형성하는 운동을 알기 위해 전문가의 도움을 받는 것이 좋은데, 소아 비만 치료와 성장에 도움이 되는 운동 방법을 알아야 하기 때문이다.

⊙ 가볍게 운동을 시작하세요 ▶ 약함 1개 이상, 혹은 보통 3개 이상

병원에서 치료를 받아야 할 만큼 체력에 심각한 문제가 발생한 것은 아니다. 그러나 좀 더 원활한 성장과 기초 체력 단련을 위해서는 가볍게 운동을 시작해야 할 단계다.

아침 일찍 일어나서 동네 한 바퀴를 뛰어본다거나 잠들기 전 윗몸 일으키기 혹은 성장에 도움이 되는 체조 동작을 익혀서 실천해 보는 것이 좋다.

⊙ 방심은 금물이에요 ▶ 우수 3개 이상, 혹은 매우 우수 2개 이상

성장에 무리가 가지 않도록 기초 체력이 균형 잡혀 있다. 그러나 방심은 금물이다. 아이들의 몸은 항상 변화하기 때문에 언제 어느 때 갑자기 소아 비만으로 빠질지 모른다.

따라서 규칙적인 생활 습관은 물론 적당한 운동을 게을리 하지 않도록 주의한다. 또 성장에 필요한 영양소를 골고루 섭취하는 것도 잊지 말자.

| 활동량 체크표 |

다음 질문에 대한 답을 5에서 1까지의 숫자로 대답하세요.
〈아주 그렇다〉는 5, 〈그렇다〉는 4, 〈보통이다〉는 3, 〈아니다〉는 2, 〈전혀 아니다〉는 1.

● 심부름을 잘한다.

1	2	3	4	5

● 계단을 자주 이용한다.

1	2	3	4	5

● 아침 저녁 간단한 맨손 체조를 한다.

1	2	3	4	5

● 친구들과 밖에서 잘 노는 편이다.

1	2	3	4	5

● 낮잠을 잔다.

1	2	3	4	5

● 집에서도 잘 뛰어 다닌다.

1	2	3	4	5

● 체육 시간을 싫어한다.

1	2	3	4	5

● 집에 있을 땐 누워 있는 편이다.

1	2	3	4	5

● 좋아하는 운동이 한 가지 이상 있다.

1	2	3	4	5

● 생활이 불규칙적이다.

1	2	3	4	5

| 활동량 체크 결과 |

1번에서부터 10번까지 대답한 숫자를 합산해서 점수를 내세요.

⊙ 0~16점 이하 ▶ 소아 비만 가능성 90%

움직이기를 싫어하는 유형으로, 몸을 움직여서 땀을 흘린 기억이 별로 없을 것이다. 이미 소아 비만으로 기초 체력은 0에 해당한다고 해도 과언이 아니다. 소아 비만이 된 원인 중의 하나도 과도한 식사량보다는 식사 후 활동을 전혀 하지 않아서 축적된 경우일 가능성이 크다. 되도록 빨리 전문가와 상담을 받는 것이 좋으며 성장에 필요한 영양소 섭취는 물론 기초 체력 단련을 위한 운동을 시작해야 한다.

⊙ 17~30점 이하 ▶ 소아 비만 가능성 60%

이미 소아 비만이거나 소아 비만이 되기 쉬운 조건을 가지고 있는 상황이다. 몸의 움직임이 둔하거나 이미 둔해진 몸을 움직이는 것을 귀찮아하는 경우가 많다. 왜소한 체격을 가진 아이들의 경우에는 소극적이거나 내성적인 성격 탓에 움직임을 싫어할 수도 있다. 정상적인 성장에 방해 요소가 될 수 있으므로 전문가의 도움을 받아 꾸준한 운동을 시작하고 소아 비만을 치료할 수 있는 생활 습관을 익히도록 한다.

⊙ 31점~45점 이하 ▶ 소아 비만 가능성 30%

활동을 하거나 몸을 움직이는 데는 별다른 거부감이 없는 편이다. 그러나 활동량이 많다고 해서 운동량이 많은 건 아니다. 따라서 적당한 생활 속의 활동이 꾸준한 운동으로 이어질 수 있도록 부모가 옆에서 도움을 주어야 한다. 소아 비만을 예방 및 치료하고 성장에 도움을 줄 수 있는 체조 동작을 생활화할 수 있도록 생활 습관표를 작성하거나 운동 일지 등을 이용해 보자.

⊙ 46점 이상 ▶ 소아 비만 가능성 10%

소아 비만 가능성은 매우 낮다. 그러나 현재의 활동하는 양을 꾸준히 유지할 수 있도록 규칙적인 생활 습관을 만들어준다. 또 성장에 도움이 되는 운동이 될 수 있는 생활 습관, 즉 심부름이나 계단 오르기 등을 적극 활용하고 놀이를 통해 아이의 활동량을 늘릴 수 있도록 하자.

| 식생활 체크표 |

● 텔레비전에 과자 선전이 나오면 바로 슈퍼마켓에 가서 과자를 사 먹는다.

1. 매우 그렇다   2. 그렇다   3. 잘 모르겠다   4. 아니다   5. 전혀 아니다

● 저녁에 엄마가 없어도 혼자 손쉽게 밥을 먹는다.

1. 매우 그렇다   2. 그렇다   3. 잘 모르겠다   4. 아니다   5. 전혀 아니다

● 엄마가 간식을 주지 않아도 용돈으로 과자 등을 몰래 사 먹는다.

1. 매우 그렇다   2. 그렇다   3. 잘 모르겠다   4. 아니다   5. 전혀 아니다

● 하루 2시간 이상 텔레비전을 보거나 오락을 하면서 과자를 먹는다

1. 매우 그렇다   2. 그렇다   3. 잘 모르겠다   4. 아니다   5. 전혀 아니다

● 밥은 배 부를 때까지 먹는다.

1. 매우 그렇다   2. 그렇다   3. 잘 모르겠다   4. 아니다   5. 전혀 아니다

● 밖에서 뛰어노는 것보다 텔레비전을 보면서 군것질하는 것을 더 좋아한다.

1. 매우 그렇다   2. 그렇다   3. 잘 모르겠다   4. 아니다   5. 전혀 아니다

● 배고프지 않아도 음식이 있으면 또 먹는다.

1. 매우 그렇다   2. 그렇다   3. 잘 모르겠다   4. 아니다   5. 전혀 아니다

● 튀김, 샐러드, 중국 음식처럼 기름진 음식을 잘 먹는다.

1. 매우 그렇다   2. 그렇다   3. 잘 모르겠다   4. 아니다   5. 전혀 아니다

● 다른 사람들보다 음식을 빨리 먹는다.

1. 매우 그렇다   2. 그렇다   3. 잘 모르겠다   4. 아니다   5. 전혀 아니다

● 엄마 아빠는 아이 체중에 관심이 많다.

1. 매우 그렇다   2. 그렇다   3. 잘 모르겠다   4. 아니다   5. 전혀 아니다

● 혼자서 음식을 먹으면 맛이 없어서 음식을 많이 못 먹는다.

1. 매우 그렇다   2. 그렇다   3. 잘 모르겠다   4. 아니다   5. 전혀 아니다

| 식생활 체크 결과 |

◉ 15점 이하 ▶ **소아 비만 식생활!**

아이의 식습관은 소아 비만이 되기에 알맞다. 과식, 편식, 인스턴트 식품 과다 섭취 등 소아 비만이 되기에 적합한 생활을 하고 있기 때문에 식생활을 빠른 시간 내에 바꿔주는 것이 비만 치료에 도움이 된다.

◉ 35점 이하 ▶ **소아 비만 경고!**

아이가 자주 먹는 음식을 체크해 보자. 소아 비만이 되기에 적당한 음식을 자주 먹고 있을 것이다. 이대로 아이가 좋아하고 자주 먹는 식품이 고정된다면 비만이 되는 것은 시간 문제다. 아이와 함께 전문가를 찾아 건강한 식생활을 할 수 있도록 하자.

◉ 36점 이상 ▶ **예방이 최고의 치료법**

아이는 대체적으로 건강한 식생활 습관을 가지고 있다. 그렇다고 방심할 수만은 없다. 패스트푸드와 냉동 식품 등이 만연한 요즘 아이의 건강한 식생활 습관을 유지하려면 아이에게 제대로 된 영양 섭취 방법을 알려주고 패스트푸드를 먹더라도 건강하게 먹는 요령을 알려주도록 하자.

식이 요법을 시작하기 위한 아이 체크표

● 내가 싫어하는 음식이면 손을 대지 않는다.

1. 매우 그렇다   2. 그렇다   3. 잘 모르겠다   4. 아니다   5. 전혀 아니다

● 몸에 좋다는 음식을 즐겨 먹는다.

1. 매우 그렇다   2. 그렇다   3. 잘 모르겠다   4. 아니다   5. 전혀 아니다

● 잘못된 식습관이 있을 때 그것을 고치려고 노력하면 고칠 수 있다.

1. 매우 그렇다   2. 그렇다   3. 잘 모르겠다   4. 아니다   5. 전혀 아니다

● 처음 보는 음식이라도 먹을 수 있다.

1. 매우 그렇다   2. 그렇다   3. 잘 모르겠다   4. 아니다   5. 전혀 아니다

● 외식을 줄이기 싫다.

1. 매우 그렇다   2. 그렇다   3. 잘 모르겠다   4. 아니다   5. 전혀 아니다

● 싫어하는 음식을 강제로 먹어야 한다고 해도 먹지 않겠다.

1. 매우 그렇다   2. 그렇다   3. 잘 모르겠다   4. 아니다   5. 전혀 아니다

● 엄마가 만들어준 음식이 가장 맛있다.

1. 매우 그렇다   2. 그렇다   3. 잘 모르겠다   4. 아니다   5. 전혀 아니다

● 살이 빠진다면 싫어하는 음식이라도 먹겠다.

1. 매우 그렇다   2. 그렇다   3. 잘 모르겠다   4. 아니다   5. 전혀 아니다

● 뚱뚱한 사람은 어떻게 해도 계속 뚱뚱할 수밖에 없다.

1. 매우 그렇다   2. 그렇다   3. 잘 모르겠다   4. 아니다   5. 전혀 아니다

● 기분이 나쁠 때 음식을 먹으면 기분이 좋아진다.

1. 매우 그렇다   2. 그렇다   3. 잘 모르겠다   4. 아니다   5. 전혀 아니다

● 나는 뚱뚱하다.

1. 매우 그렇다   2. 그렇다   3. 잘 모르겠다   4. 아니다   5. 전혀 아니다

| 식이 요법을 시작하기 위한 체크 결과 |

◉ 14점 이하 ▶ **천천히 시작하세요**

아이의 치료 의욕이나 예상 효과는 매우 낮다. 따라서 단시간 내에 소아 비만이 치료될 것을 기대하기보다는 천천히 기다리는 것이 좋고, 음식과 운동을 통한 치료는 물론 행동 요법, 생활 요법 등 다양한 치료 방법을 이용하도록 한다.

◉ 35점 이하 ▶ **생활 습관이 중요해요**

전문가와 엄마 아빠가 도와준다면 아이는 생각보다 빨리 비만 치료에 적응할 수 있다. 그러나 아이 스스로 절제하고 통제하는 능력이 적기 때문에 비만 치료에 도움이 되는 것들이 생활 습관처럼 익숙해지도록 하는 편이 효과적이다.

또 아이가 식이 요법을 할 때 지치지 않도록 기분 전환이나 취미 생활을 갖게 해주는 것도 좋은 방법 중 하나다.

◉ 36점 이상 ▶ **영양 교육을 확실하게 해요**

아이는 소아 비만을 치료하기에 알맞은 의욕과 자세를 갖고 있다. 따라서 아이에게 소아 비만에 관한 인지를 확실히 시켜준다면 아이는 교육 내용에 따라 착실한 비만 치료 단계를 밟아갈 것이다.

| 생활 검사 체크표 |

1 엄마 아빠와 야외에 자주 놀러 나간다.   예   아니오

2 하루에 2회 이상 간식을 사러 슈퍼마켓에 간다.   예   아니오

3 점심은 혼자 챙겨 먹는다.   예   아니오

4 일주일에 2회 이상 외식을 한다.   예   아니오

5 학교를 다녀 온 뒤 학원을 2군데 이상 간다.   예   아니오

6 제대로 할 수 있는 운동이 하나도 없다.   예   아니오

7 친구들이 많다.   예   아니오

8 일요일에는 온 가족이 낮잠을 자거나 집에서 쉰다.   예   아니오

9 자전거(인라인스케이트) 타기를 좋아한다.   예   아니오

10 느리다는 말을 많이 듣는다.   예   아니오

| 성격 검사 체크표 |

1 마음대로 되지 않으면 짜증을 내거나 운다.   예   아니오

2 돌아다니는 것보다 집에서 조용히 있는 것을 좋아한다.   예   아니오

3 친구들이 많아서 집에 늦게 들어온다.   예   아니오

4 텔레비전을 볼 때도 일어났다 앉았다 산만한 편이다.   예   아니오

5 엄마 아빠에게 숨기는 일이 많다.   예   아니오

6 사람들 많은 곳에 가는 것이 싫다.   예   아니오

7 혼자 노는 것보다 친구들과 노는 것이 좋다.   예   아니오

8 낯가림이 심하다.   예   아니오

9 밖에 나가면 말을 안 한다.   예   아니오

10 학교에서 친구들과 많이 다투는 편이다.   예   아니오

| 생활 검사 체크 결과 |

문항	점수	
1	예 → 0	아니오 → 1
2	예 → 1	아니오 → 0
3	예 → 1	아니오 → 0
4	예 → 1	아니오 → 0
5	예 → 1	아니오 → 0
6	예 → 1	아니오 → 0
7	예 → 0	아니오 → 1
8	예 → 1	아니오 → 0
9	예 → 0	아니오 → 1
10	예 → 1	아니오 → 0

⊙ 10점 이상 ▶ **우울증을 조심하세요**

아이는 소아 비만은 물론 게으름과 활동량 부족으로 정신적으로 위험한 상태다. 이런 상태라면 활발했던 아이도 소극적으로 되거나 내성적으로 변하기 쉽고 친구 관계 등의 문제로 고민하기 쉽다. 이런 경우 우울증을 치료하기보다 우울증의 근본 원인인 소아 비만을 치료하는 것이 훨씬 효과적이다.

⊙ 6점 이상 ▶ **활동할 기회를 만들어주세요**

아이는 생활에 지치거나 스트레스로 인해 점점 소극적이고 정적인 생활을 즐기려 한다. 그러나 이런 생활이 지속될 경우 아이의 체력이 약화되는 것은 물론 칼로리 소비를 제대로 하지 않아 비만이 점점 심해질 수 있다. 따라서 아이가 조금 더 활동적으로 생활할 수 있는 기회를 만들어주자. 단 아이 혼자 밖에 내보내기보다 부모가 함께 놀이를 하거나 외출을 하는 것이 좋다.

⊙ 3점 이하 ▶ **부모의 관심이 필요해요**

아이는 칼로리 소모를 하는 데 있어 부족하지 않을 만큼의 활동을 하고 있다. 그러나 아이가 활발한 성격이라고 해서 그대로 방치해서는 안 된다. 아침, 저녁 운동 시간을 만들어 부모가 함께한다거나 주말에 함께 야외로 놀러나가는 등의 세심한 배려가 필요하다.

| 성격 검사 체크 결과 |

문항	점수
1	예 → 1 아니오 → 0
2	예 → 1 아니오 → 0
3	예 → 0 아니오 → 1
4	예 → 0 아니오 → 1
5	예 → 1 아니오 → 0
6	예 → 1 아니오 → 0
7	예 → 0 아니오 → 1
8	예 → 1 아니오 → 0
9	예 → 1 아니오 → 0
10	예 → 1 아니오 → 0

⊙ 9점 이상 ▶ **대인관계 적신호!**

아이의 생활에 조금 더 관심을 가져주자. 아이는 따돌림, 소극적인 대인관계, 불평 불만 등으로 힘들어하고 있는지도 모른다. 이런 경우 친구를 사귀기 힘들고 바깥 놀이 등을 자제하여 짜증을 잘 내고 방안에 혼자 앉아 있게 된다. 따라서 활동량과 칼로리 소모가 줄어들어 비만에 걸릴 확률이 높아지며 이렇게 생긴 소아 비만은 또 다른 정신적 스트레스가 되어 건강의 악순환을 예고한다.

⊙ 6점 이상 ▶ **우울증을 의심!**

사람마다 약간의 우울증을 가지고 있는데 아이들의 경우 자신의 감정 표현을 제대로 할 수 없어 특히 알아내기가 힘들다. 이런 경우 아이들은 무언가에 대한 불만이나 두려움을 가지고 있기 때문에 이런 문제가 우울증으로 발전할 수 있다. 공부보다는 햇빛에 나가 있는 시간을 늘리고 생일 파티, 수련회 등을 통해 친구들과 어울릴 수 있는 기회를 제공한다.

⊙ 3점 이상 ▶ **불만 해소법 찾기!**

아이는 지금 현재 상황에 불평 불만을 가지고 있다. 따라서 이때 아이가 원하는 것에 귀를 기울여 현재 상황에 만족할 수 있도록 도와주자. 만약 불평 불만인 상황이 오래 지속된다면 아이는 우울해지는 심적 변화를 느끼게 되고 점차 내성적인 아이로 변할 수 있다.

병행 치료로
빠르게 완치합니다

소아 비만은 성인 비만처럼 무조건 굶거나 갑작스럽게 운동량을 늘려서 체중을 빼는 데 급급해서는 안 된다. 따라서 전문가의 도움을 받아서 성장에 도움이 되면서 소아 비만을 치료할 수 있는 방법을 찾아야 한다. 따라서 영양사, 운동 처방사, 생활 처방사 등과 함께 소아 비만을 치료하기 위한 병행 치료를 감행하는 것이 가장 바람직하다. 필자 소아과의 비만 프로그램 치료 방법을 통해 소아 비만 치료에 대한 이해를 돕기로 하겠다.

| 식이 요법 |

⊙ 1단계 | 목표를 설정한다

검사를 통해 아이의 비만도가 정해지면 아이의 치료 목표를 설정한다. 체중을 유지하면서 건강한 성장을 위해 식이 요법을 할 것인가, 아니면 섭취 칼로리를 줄여서 체중을 감량할 것인가. 그리고 목표가 설정된 뒤에는 영양사와의 상담을 통해 아이의 식생활을 어떻게 바꿔야 하는지에 대한 인지 시간을 갖게 된다. 이때 중요한 것은 아이가 뚱뚱하다는 것이 아니라 눈이 나빠서 안경을 쓰는 것처럼 소아 비만에 걸려서 식이 요법을 실시해야 한다는 것이라고 일러주어야 한다는 것이다. 만약 아이가 소아 비만이란 사실에 부끄러워하거나 자신감을 상실하면 치료 효과가 더디게 나타날 수 있기 때문이다.

◉ 2단계 │ 영양 교육을 실시한다

영양 교육은 아이 혼자만 받는 것이 아니라 엄마도 함께 받아야 한다. 아이가 좋아하는 음식과 싫어하는 음식을 파악한 영양사가 소아 비만의 원인이 되는 음식과 비교해서 아이에게 경각심을 불러일으킨다. 그리고 치료를 위해 아이 스스로 자제해야 하는 음식에 대한 설명이 이어지며 놀이, 동화책 등의 다양한 방법으로 아이와 엄마가 이해할 수 있는 시간이 주어진다. 영양 교육은 일회성으로 끝나는 것이 아니라 치료 효과가 더딜 때 반복되며, 집에서 엄마와 아이가 꾸준히 할 수 있도록 영양사가 부모에게 교육한다.

◉ 3단계 │ 일주일치 식단과 식습관 지침표가 주어진다

교육이 끝나면 일주일치 식단과 식습관 지침표를 주어 본격적인 치료를 시작한다. 식단표는 엄마가 갖고 아이의 식사를 책임진다. 그리고 아이들에게는 소아 비만 치료를 위해 조심해야 할 식습관 표를 받아서 일주일 동안 실행에 옮기도록 한다. 또 음식 일지를 작성하게 해 아이의 일주일간 식이 요법을 살펴볼 수 있게 한다.

➕ 소아 비만아의 식생활 지침표

- 야식을 먹지 않는다.
- 간식은 하루 2회 이하, 과일이나 야채 등 자연식으로 한다.
- 규칙적인 식사를 한다.
- 천천히 먹는다.
- 인스턴트 음식은 먹지 않는다.
- 혼자 먹지 않는다.
- 기분이 나쁠 때 먹지 않는다.
- 친구들과 군것질을 하지 않는다.
- 음식을 남기더라도 배가 부르면 그만 먹는다.
- 사탕, 초콜릿도 금지한다.
- 햄버거, 피자 등을 먹은 뒤에는
  야채, 과일 등을 먹어서 영양을 보충한다.
- 아침을 꼭 먹는다.

⊙ 4단계 │ 집에서 스스로 절제하는 시간을 갖는다

3단계 치료가 효과를 보이면 한 달 뒤부터는 집에서 스스로 절제하는 시간을 갖는다. 영양사의 관리 없이 한 달 정도 혼자서 음식 일지를 작성하고 음식 절제를 하는 등 누군가의 도움 없이 혼자서 조절한다. 이때 엄마의 도움이 필요한데 강제적으로 식이 요법을 강요하기보다는 아이 스스로 조절할 수 있는 기회를 준다.

⊙ 5단계 | 병원 확인 단계를 갖는다

비만도 검사를 통해 달라진 신체를 확인하여 4단계가 성공을 했는지에 대한 평가를 내린다. 4단계가 성공적으로 이루어지면 병원은 단순한 검사를 위해 방문하도록 하고 이후부터는 아이 스스로 식이 요법을 통해 건강을 찾을 수 있게 한다.

| 운동 요법 |

⊙ 1단계 | 아이의 운동 능력을 파악하고 목표를 설정한다

운동은 갑작스럽게 많은 양을 하면 오히려 부작용을 일으킬 수 있다. 따라서 중등도 비만일 경우라도 아이의 운동 능력에 따라서 목표를 설정하는 것이 좋다. 그리고 운동 일지를 작성해서 매일매일 꾸준히 운동할 수 있는 습관을 들이게 한다.

⊙ 2단계 | 칼로리 소비를 위한 운동량을 늘린다

개인에 따라 차이는 있지만 1단계는 한 달에서 두 달 정도 거치게 되며 몸을 조금만 움직여도 숨이 가빴던 증상은 없어지게 된다. 2단계는 본격적인 운동 치료를 시작하는 시기로 비만도에 따라 목표 칼로리를 세우고 그에 따른 운동량을 늘리도록 한다.

⊙ 3단계 ┃ 소아 비만에 도움이 되는 운동을 배운다

2단계가 성공하여 아이의 운동량이 늘어나게 되면 아이가 좋아하는 운동을 배우게 한다. 소아 비만에 도움이 되는 유산소 운동 중 하나로 최소 일주일에 2회 정도 꾸준히 할 수 있는 운동을 선택한다.

┃ 행동 요법 ┃

⊙ 1단계 ┃ 상담을 한다

성격 및 생활 습관을 파악하여 소아 비만으로 아이의 생활이 된 습관들을 점검한다. 또 아이가 시도할 수 있는 작은 생활 방침들을 일러줘서 이해할 수 있게 한다.

⊙ 2단계 ┃ 아이를 움직이게 한다

재미 있는 놀이, 게임 또는 친구들과의 모임을 통해 아이가 집 밖으로 움직일 수 있는 기회를 만들어준다. 또 집에서도 심부름을 시키거나 작은 역할을 맡게 해서 하루 종일 누워 있거나 게으름을 피우지 않는 습관을 들이게 한다.

⊙ 3단계 ┃ 생활 계획표를 만든다

2단계가 성공적으로 이뤄지면 생활 계획표를 만들게 한다. 그리고 생활 일기를 쓰게 해서 생활 계획표를 스스로 지키는지 점검할 수 있도록 돕는다.

식이 요법으로
비만을 치료하세요

5

식이 요법의 목적을
정확히 알아야 합니다

식이 요법의 목적은 균형 있는 건강한 식사를 하게 하고 건강한 식습관을 갖도록
하는 데 있다. 소아 비만아들은 성장 과정에 있기 때문에 성장 비율에 따라 열량
및 영양소 필요량이 달라진다. 따라서 소아 비만의 체중 조절을 위한 식이 요법은
성인 비만보다 훨씬 어렵다. 소아 비만을 위한 식이 요법은 성인 비만처럼 단순히
먹는 양을 줄이기 힘들기 때문이다. 계속 성장을 하고 있는 시기이므로 성장을 위
한 충분한 영양 공급이 필요하며 비만 조절을 위한 영양 요구량이 개인별로 고려
되어야 한다. 따라서 무리한 체중 감량보다는 과잉 섭취하고 있는 잘못된 식사량
의 조절과 식습관을 수정하도록 하는 것이 바람직하다.

　식이 요법을 통해 치료할 때 가장 중요한 것은 체중 조절을 위한 적절한 영양
요구량의 결정이다. 예를 들어 10~14세 소아는 비만의 정도에 따라 식사량을 제
한하여 1000~1500kcal 정도로 맞춘다. 그리고 저열량, 저탄수화물, 정상지질, 고
단백질 식이가 식이 요법의 원칙이다. 성장에 필요한 단백질은 충분히 섭취하도록
하고 탄수화물, 지방은 제한한다. 총칼로리의 20%를 단백질, 35%를 지방질,
45%를 탄수화물로 한다. 밥이나 빵은 적게 먹고 야채, 과일, 고기, 생선 등을 주로

먹도록 한다. 육류, 어류는 지방이 많은 것은 피한다. 하지만 경도 비만아는 체중을 적극적으로 줄일 정도로 식사량을 제한할 필요는 없다. 또 3세 미만의 비만아는 적게 먹일 필요는 없다. 그러나 비만의 가족력이 있으면서 비만 정도가 아주 심한 경우에는 우유량을 표준량만 먹이고 식사량은 제한할 필요가 있다.

따라서 소아 비만아를 집에서 임의대로 초저열량 식이(800kcal 이하/일), 저열량 식이 요법(800~1000kcal/일)을 사용하여 치료하려고 한다면 아주 위험하다. 증세가 심한 고도 비만과 고혈압, 가성 뇌종양, 수면 무호흡, 비인슐린 의존성 당뇨병 등과 같은 합병증을 동반한 청소년 비만아들에게 초저열량 식이, 저열량 식이 요법을 시행하기도 하지만 체위성 저혈압, 질소 손실, 성장 장애, 탈모, 부정맥과 담석과 같은 부작용을 초래할 수 있어서 그나마 조심하는 편이다. 따라서 병원을 찾아 소아를 위한 체중 관리와 영양 관리 프로그램에 따르도록 한다.

아이의 성장에 꼭 필요한 영양소

소아 비만 치료는 건강하게 체중 감량을 해서 성장에 방해가 되지 않고, 동시에 단순히 체중을 줄이는 것이 아니라 체지방을 줄여서 성인이 되었을 때 비만도가 완전히 사라지는 것을 목적으로 한다. 따라서 성장에 필요한 영양소를 골고루 섭취하면서 체중을 줄일 수 있도록 칼로리 섭취에 주의를 기울인다. 또 무턱대고 칼로리 양만 줄이면 영양이 부족하거나 편중되기 쉽기 때문에 성장에 꼭 필요한 영양소를 바로 알고 골고루 섭취할 수 있게 한다.

소아 비만아가 식이 요법을 하면서도 꼭 섭취해야 하는 영양소를 손꼽으면 우선 지방이 있다. 흔히 지방은 살 빼는 데 방해가 되는 음식으로 섭취를 제한시키는데, 과잉 섭취할 때 문제가 될 뿐 전혀 먹지 말아야 할 영양소는 아니다. 오히려 지방은 비타민의 흡수나 세포 증식을 돕는 영양소이므로 필요량은 반드시 섭취해야 한다. 또 지방뿐만 아니라 신체 세포의 주성분인 단백질과 비타민 B_1은 꼭 섭취해야 한다. 만약 이 두 가지 영양소가 부족하게 되면 키가 자라지 않아서 조금만 먹어도 쉽게 살이 쪄 보이는 체형으로 변하게 된다. 또 칼슘과 비타민 C, 비타민 D 섭취가 부족해지면 뼈의 성장에 영향을 미칠 수 있다.

따라서 소아 비만 치료를 위해 식이 요법을 감행하기 전에는 성장하는 데 필요한 영양소를 바로 알고 골고루 섭취할 수 있도록 식단을 작성한다.

그럼 성장하는 데 꼭 필요한 영양소에는 어떤 것들이 있을까?

| 탄수화물 |

밥, 빵, 감자, 면류 등에 많이 포함된 탄수화물은 우리 몸의 칼로리원이다. 과식하면 비만의 원인이 되기도 하지만 탄수화물은 우리 몸에서 포도당으로 변해서 뇌의 유일한 칼로리원이 된다. 따라서 아이들의 두뇌 발달을 위해서는 탄수화물을 꼭 섭취해야 한다.

| 단백질 |

살코기, 생선, 달걀, 우유 등에 함유된 단백질은 세포의 주성분으로 체내 저장이 안 되므로 끼니마다 섭취하여 부족하지 않도록 해야 한다. 단백질은 아이가 키 크는 데 필요한 영양소를 공급하기 때문에 부족하지 않도록 주의해야 한다. 단 동물성 단백질은 소아 비만을 일으키는 요인이 될 수 있으므로 동물성 단백질 섭취에만 치우치지 않도록 조심한다.

| 지방 |

기름, 버터, 비계 등에 많이 포함된 지방은 탄수화물, 단백질과 같은 칼로리원이다. 지방은 고칼로리 식품으로 과다하게 섭취하면 소아 비만이 되기 쉽다. 그러나 소아 비만을 예방하기 위해 지방 섭취를 극도로 줄여서는 안 된다. 지방은 비타민 A, D, E 등의 흡수를 도와주고 콜레스테롤은 세포벽을 구성하는 역할을 하기 때문에 부족할 경우에는 성장에 무리를 줄 수 있기 때문이다.

| 칼슘 |

칼슘은 우유, 뼈째 먹는 생선, 해조류 등에 많은 영양소다. 성장을 가능하게 하는 뼈와 치아의 주성분으로, 비타민 D의 체내 흡수를 돕는다. 하지만 칼슘은 체내에서 흡수하기가 어렵다. 따라서 하루 칼슘 섭취량인 500~800mg(1~15세 기준)을 충분히 먹는 것이 좋다.

| 철분 |

철분은 혈액 내 적혈구의 헤모글로빈을 만드는 역할을 한다. 주로 시금치, 간, 조개류 등에 많이 함유되어 있는데 철분이 부족하면 빈혈과 생리 불순 현상이 생긴다. 사춘기 소녀들은 철분이 부족하기 쉽기 때문에 소아 비만 치료시 철분 섭취에 주의를 기울여야 한다.

| 염분 |

식염, 치즈, 뼈째 먹는 생선 등에 많이 함유된 염분은 신체 작용을 조절한다. 따라서 염분 없이는 생명이 유지되기 힘들다. 그러나 염분을 과다하게 섭취하게 되면 고혈압이 생길 수 있기 때문에 짜게 먹지 않는 습관을 들이도록 노력해야 한다.

| 식이성 섬유 |

식이성 섬유는 배변을 촉진시키는 작용을 해서 소화를 돕는다. 과일, 채소 등에 함유되어 있다.

| 비타민 A |

피부를 보호하고 눈의 활동을 지켜주는 비타민 A는 호박, 버터, 달걀 등에 많은 영양소다. 비타민 A는 성장하는 데 꼭 필요한 영양소로, 부족하게 되면 성장이 지연되거나 뼈와 치아 발달에 방해가 된다.

| 비타민 B_1 |

탄수화물과 지방의 흡수를 돕는 비타민 B_1은 탄수화물이 칼로리로 전환될 때 필요한 영양소다. 돼지고기, 콩 등에 많이 함유되어 있다.

| 비타민 B_2 |

성장 비타민이라고 불리는 비타민 B_2는 우유, 달걀 노른자, 간 등에 많은 영양소다. 신체의 성장을 돕고 피부 점막을 튼튼하게 하는데, 부족하면 성장에 방해가 되기 때문에 적정량을 섭취하도록 주의해야 한다.

| 비타민 C |

혈관과 치아, 연골 등을 튼튼하게 해주는 영양소다. 부족하게 되면 뼈가 약해져서 성장에 방해가 된다. 토마토, 귤 등의 과일과 채소에 많이 함유되어 있다.

위에 나열한 영양소들은 성장하는 아이들에게 꼭 필요한 영양소로 소아 비만 치료를 위해 갑자기 중단되거나 하루 섭취량을 줄여서는 안 된다. 따라서 식이 요법을 시작하기 전에 필요한 영양소를 알고 섭취량을 줄이지 않도록 노력한다.

엄마와 아이가 함께 배우는 영양 이야기

아이의 가장 좋은 선생님은 엄마라고 이야기하는 한 광고의 카피처럼 엄마는 아이의 인생은 물론 학습, 건강 선생님이 되어야 한다. 따라서 영양에 대한 교육을 엄마와 아이가 함께 받아야 한다. 영양 교육의 순서는 먼저 아이의 식사를 책임지는 엄마가 영양에 대한 이해를 하고, 다음에 아이가 소아 비만 치료를 위해 금해야 할 음식과 조심해야 할 식습관에 대해 이해하게 한다.

특히 먹는 양이 많았던 소아 비만아들은 어느날 갑자기 음식 섭취량을 줄이거나 금지 식품을 이야기해 주면 거부감을 일으키거나 스트레스가 쌓여 몰래 먹는 습관이 생길 수 있다. 따라서 아이가 왜 살을 빼야 하는지에 대해 정확한 인지를 시키는 시간이 필요하다. 소아 비만 치료를 위한 영양 교육을 집에서 엄마와 단둘이 실시할 때는 다음과 같은 순서를 밟아보자.

첫째, 아이가 소아 비만에 걸렸음을 확인시킨다.

아이가 단순히 뚱뚱한 아이가 아니라 성인 비만의 원인이 되고 고혈압, 당뇨병 등의 성인병에 걸릴 수 있는 위험이 높은 소아 비만아임을 알려준다. 이때 아이가 무조건 뚱뚱하고 남들과 다른 사람이라거나 아주 위험한 병에 걸렸다는 의미로 받아들이지 않게 조심해야 한다. 누구나 걸릴 수 있으며 10명의 아이들 중 4명이 걸릴 만큼 흔한 질병으로 설명하여 아이가 충격을 받지 않게 조심한다. 또 소아 비만을 설명하기 위해 '돼지,' '하마' 등 선정적인 동물을 연상시키지 않게 하는 것이 좋다. 그리고 소아 비만에 대한 이해가 어느 정도 진행되었을 때는 비만은 치료를 통해서 완치될 수 있다는 희망을 심어준다.

✚ 음식 선호도 자가 평가

좋아하는 음식	싫어하는 음식
햄버거	콩
피자(선호 음식)	곰탕
만두	김치
떡볶이	콩밥
불고기	버섯
갈비	생선
아이스크림	야채 주스
과자	파

둘째, 종이를 준비해 아이가 좋아하는 음식과 싫어하는 음식을 적게 한다.

아이가 평소 잘 먹는 음식이나 편식하는 음식은 좋아하는 음식 쪽에 적고, 전혀 입에 대지 않거나 먹는 양이 극히 적은 음식은 싫어하는 음식란에 적게 한다.

셋째, 소아 비만에 도움이 되는 음식과 해가 되는 음식에 대해 설명한다.

저칼로리이면서 영양이 높은 음식과 고칼로리이면서 영양소가 전혀 없는 음식을 설명하면서 어떤 음식이 아이에게 도움이 되는지 설명한다. 특히 인스턴트 음식이나 패스트푸드가 왜 나쁜지에 대해 자세한 설명을 하고 소아 비만을 일으키는 주범임을 자세히 알려준다.

넷째, 〈음식 선호도 자가 평가〉에 소아 비만에 도움이 되는 음식과 해가 되는 음식을 표시해 나간다.

파란 펜과 빨간 펜을 준비해서 체크해도 좋고 엄마가 미리 천사와 악마 스티커를 준비해서 붙여도 좋다. 이때 악마 스티커와 천사 스티커에 대한 평가를 하면서 아이가 앞으로 어떤 음식을 잘 먹어야 소아 비만을 치료할 수 있는지 설명한다. 이때 아이가 좋아하는 연예인이나 친구를 떠올리게 해서 소아 비만 치료가 완치되었을 때의 자신의 모습을 희망적으로 그릴 수 있게 도와주는 것도 좋은 방법이다.

다섯째, 음식 먹는 요령을 알려준다.

소아 비만을 예방하고 치료하기 위해서 아이가 선택하고 자제해야 하는 음식에 대한 요령을 알게 해서 아이가 습관을 들일 수 있게 한다.

- 밥은 매 끼니 한 그릇 정도만 먹는다.
- 볶음밥처럼 기름이 많은 밥은 먹지 않는다.
- 국은 채소가 많이 들어간 것을 먹는다.
- 찌개도 채소나 해산물이 들어간 것을 먹는다.
- 기름기 있는 부위의 가공 식품은 피한다.
- 튀기거나 볶는 조리법은 피하고 구이, 찜을 주로 먹는다.
- 채소류와 조합한 음식을 먹는다.
- 육류보다는 어류를 먹는다.
- 나물은 반드시 한 종류 이상 먹는다.
- 녹황색 채소를 이용한 음식을 먹도록 노력한다.
- 묵을 이용한 요리를 많이 먹는다.
- 사탕, 아이스크림, 초콜릿은 먹지 않는다.
- 과일을 많이 먹는다.
- 탄산 음료는 먹지 않는다.
- 야채 주스나 과일 주스를 먹도록 한다.

먹으면 살이 되는 음식

소아 비만을 일으키는 원인 중 가장 흔한 것을 손꼽으면 폭식, 편식, 과식 등 여러 식습관에 얽힌 것이 많다. 그리고 이런 원인과 함께, 먹으면 바로 살이 되는 음식 섭취도 소아 비만의 주된 원인 중 하나다. 따라서 소아 비만을 예방하고 치료하려면 어릴 때부터 살이 찌기 쉬운 음식에 입맛 들이지 않도록 조심하고 소아 비만 치료 기간에는 대체 음식을 통해 살이 찌기 쉬운 음식을 절제해야 한다.

살이 찌는 음식은 보통 패스트푸드, 인스턴트 음식이거나 즉석에서 조리해서 먹는 레토르트 음식 또는 당질이 많이 함유된 단 음식이다. 이런 음식들은 고칼로리이면서 영양소는 전혀 없어서 성장하는 아이들에게는 도움이 되지 않는다. 대표적인 음식을 알아보면 다음과 같다.

| 피자 |

햄, 피자 등 짠맛을 가진 음식은 우선 비타민 D 생성과 칼슘 흡수를 방해한다. 음식 속에 함유된 정제된 소금과 설탕은 성장기 아이들의 몸 속으로 들어가 칼슘 등

의 중요한 미네랄을 녹여 소변으로 배설하게 한다. 따라서 살이 찌는 것은 시간 문제다. 특히 피자는 빵은 물론 햄, 고기, 치즈 등의 고칼로리 음식이 토핑으로 얹혀져서 한 번의 식사로 하루 총섭취 칼로리를 훌쩍 뛰어넘게 섭취하기 쉽다. 하지만 이미 피자에 입맛이 길들여진 아이들에게 무작정 음식을 빼앗을 순 없는 일이다. 아이가 피자를 먹더라도 집에서 직접 만들어 최대한 칼로리를 줄이는 지혜가 필요하다. 토핑으로 야채를 많이 올리고 크기를 작게 해서 섭취량을 줄이고 우유, 야채 주스 등 곁들여 먹을 수 있는 저칼로리 영양 음식을 준비한다.

| 빵 |

요즘은 쌀 소비가 줄어들고 밀가루 소비가 늘었다고 한다. 그 중 가장 대표적인 원인으로 꼽히는 것은 '빵'이다. 하지만 빵은 성장하는 아이들에게 해가 될 수 있다. 비타민은 물론 당질이 함유된 고유의 빵이라면 괜찮겠지만 제과점은 물론 슈퍼마켓에서 손쉽게 구입할 수 있는 요즘의 빵은 본래의 빵과 다르다. 요즘의 제분 공정은 곡물 중에 포함된 영양소를 전부 제거시키고 거의 순수한 전분 상태로 가루를 만들기 때문이다. 하얀 밀가루로 만든 빵은 영양소가 전혀 없는 식품으로 칼로리만 높아서 소아 비만을 부추길 뿐이다. 따라서 밥을 먹지 않고 빵을 주식으로 대체해서 먹는다면 소아 비만아에게는 역효과가 날 수밖에 없다. 하지만 빵을 전혀 먹지 않을 순 없다. 이미 입맛에 길들여진 아이들의 욕구도 말리지 못하겠지만 간식으로 먹기에 좋은 메뉴이기 때문이다. 빵을 먹을 때는 표백하지 않은 밀가루나 글루텐 가루나 콩가루로 만든 빵을 구입한다.

| 동물성 지방 |

우리가 식품 재료로 사용하는 동물성 지방은 버터, 식용유 등의 기름, 지방, 쇼트닝유 등이다. 동물성 지방에는 포화 지방이 많이 포함되어 있어서 체지방을 늘리는 원인이 된다. 따라서 동물성 지방 섭취량을 줄이도록 노력한다. 버터 대신 마가린을 사용하고 프라이팬에 두르는 기름 역시 마가린을 발라 사용한다. 또 식용유 대신 콩기름, 참기름, 옥수수 기름 등의 곡물유를 사용하여 혈중 콜레스테롤 값을 내려준다.

| 설탕 |

설탕은 순도가 높은 당질이다. 특히 흰설탕은 건강을 해치는 데 있어서 살이 찐 사람, 마른 사람 모두에게 적용된다. 설탕은 신체의 전분, 칼슘분, 구리분, 마그네슘분, 비타민류를 탈취하기 때문에 그나마 체내에 흡수된 영양소를 모두 잃게 한다. 따라서 설탕은 아무런 도움이 안 되는 음식을 먹는 것과 같다. 설탕을 많이 먹으면 악성 비타민 결핍증에 걸리게 되거나 심해지면 당뇨병에 걸리기 쉽기 때문에 역으로 질병으로 인해 소아 비만을 일으킬 수 있으므로 주의하고 또 주의해야 한다. 아이들의 경우 설탕에 맛을 들이지 않도록 고구마, 호박 등 재료 자체가 단맛이 나는 간식을 줘서 설탕 섭취를 극히 제한해야 한다.

| 아이스크림 |

아이스크림은 지방과 당분이 많다. 따라서 아이스크림을 많이 먹으면 자연스럽게 살이 찌는 것과 연결된다. 뿐만 아니라 더운 날에 아이스크림을 먹으면 오히려 체온을 높이는 효과가 있어서 조심해야 한다. 또 아이스크림은 단맛이 너무 강해서 먹은 후 물을 많이 마시게 되는데 날씨가 더울 때 물을 많이 마시면 위가 나빠지게 되므로 한창 성장하는 아이들의 소화에 문제가 생기게 된다. 따라서 더운 날 아이가 아이스크림을 찾는다면 천연 과즙 음료를 먹이는 편이 좋다.

| 크래커 & 쿠키 |

크래커를 섭취하면 체내에 섭취된 비타민을 탈취한다. 따라서 성장하는 아이들이 크래커를 먹을 경우 영양 섭취가 아니라 영양을 빼내는 일이 된다. 또 크래커에는 당분과 염분이 많아서 소아 비만을 일으키는 주된 원인이 될 수 있다. 쿠키 역시 마찬가지다. 제조 과정을 통해 비타민이 제거될 뿐만 아니라 체내에 섭취된 비타민마저도 체내 밖으로 빼내버리는 역할을 하기 때문에 아이들에겐 백해무익한 음식이다.

| 크림 |

생크림 케이크, 크림 샤워 등 아이들이 좋아하는 음식에 많이 함유된 크림. 하지만 크림은 버터와 같은 동물성 식품으로 동물성 지방을 많이 포함한 음식이다. 따라서 많이 섭취할 경우엔 소아 비만을 일으키기 쉽다. 특히 거품이 있는 크림은 설탕이 들어 있어서 조심해야 한다.

잼은 과일을 오랫동안 저장하기 위해 설탕과 함께 조리는 과정을 통해 영양소가 제거된다. 또 화학 방부제가 더해지기 때문에 성장하는 아이들의 비타민 도둑이 될 뿐이다.

인스턴트 음식만
줄여도 살이 빠집니다

앞에서 살펴본 것처럼 살이 찌는 음식 중 대부분은 인스턴트 음식이다. 아이의 성장에 방해가 되는 것은 영양은 전혀 없고 칼로리만 높은 텅 빈 음식이다. 인스턴트 음식은 도정, 정제에 의해 당분 대사를 안정적으로 조절하는 섬유질과 대사 영양소인 비타민, 미네랄이 거의 제거되어 있기 때문이다. 따라서 인스턴트 음식은 소아 비만이 되는 지름길로 인도하는 음식이다.

뿐만 아니라 인스턴트 음식은 식품 첨가물의 양과 종류가 매우 심각한 수준이다. 오랜 기간 음식을 상하지 않게 할 목적으로 합성 보존료, 색깔과 향을 유지하기 위한 발색제와 향료, 맛을 내기 위한 화학 조미료 등 인체에 유해한 첨가물로 가득하다. 또 인스턴트 음식에는 보이지 않는 소금이 들어 있다. 클루탐산 나트륨, 아질산 나트륨 등 첨가물에 함유된 염 형태의 나트륨은 소금을 먹은 경우와 똑같은 경로로 미네랄 균형을 깨뜨린다. 따라서 아이들 체내에 섭취된 칼슘을 몸 밖으로 배출시켜서 영양소를 파괴하고 신진대사가 활발하지 못하게 한다.

하지만 무엇보다도 심각한 것은 소아 비만을 일으키는 음식인 인스턴트 음식에 한번 입맛을 들이면 되돌리기가 어렵다는 것이다. 인스턴트 음식은 처음 먹을 땐 강한 조미료 맛 때문에 거부감을 느낄 수 있다. 하지만 음식 속에 함유된 인 성분 때문에 한번 입맛을 들이게 되면 인스턴트 음식만 먹게 된다. 특히 아이들은 자연식에 대한 맛을 잃어버려서 식습관을 고치기 어려워진다.

따라서 인스턴트 음식의 문제를 깨닫고 식탁에 올리지 않도록 주의해야 한다. 되도록 천연 재료로 만든 음식을 먹도록 하고 이미 맛을 들인 상태라면 대체 식품을 이용해서 섭취량을 점차 줄여간다.

살 안 찌는 식품은 따로 있습니다

물만 먹어도 살이 찐다는 말이 있다. 하지만 이 말은 잘못된 말이다. 정말 물만 먹었을까? 아이가 먹는 음식을 가만히 살펴보자. 분명 아이는 짜고 매운 음식을 많이 먹을 것이다. 이런 경우 잘못은 아이보다 엄마에게 있다. 소아 비만아의 음식은 엄마 손으로 만들기 때문이다. 엄마도 모르는 사이 가족들의 입맛이 짜고 매운 음식에 길들여져 있을 수 있으므로 일주일치 식단을 자세히 들여다보자.

그리고 소아 비만 치료에 도움이 되는 살 안 찌는 식품을 알고 식품 선택에 변화를 일으켜야 한다.

| 식이성 섬유 |

소아 비만아가 많이 먹어도 괜찮은 음식이 있다면 식이성 섬유가 많이 든 식품이다. 영양적 가치는 없지만 포만감을 지속시키고 배변량을 늘리는 등의 작용을 하기 때문에 체중을 감량할 때 효과가 있다. 또 콜레스테롤과 혈당 상승을 억제시키는 효과가 있어 소아 비만아들의 합병증을 예방해 주기도 한다. 뿐만 아니라 장내

노폐물을 함께 배설시켜 줘서 내장 기관을 튼튼하게 해주는 효과도 있다. 특히 식후 인슐린 반응을 저하시키기 때문에 비만과 당뇨병을 예방해 준다. 식이성 섬유는 해조류, 콩류, 채소류, 버섯류, 곡류, 과일 등에 많이 함유되어 있다. 그러나 너무 많이 섭취하게 되면 비타민, 무기질 등이 함께 배설될 수 있으므로 주의해야 한다. 또 섭취할 때 시중에서 판매되는 식이성 섬유 음료수에 의존하지 말고 천연 음식에서 얻도록 하는 것이 좋다.

과일은 섬유소가 많아서 포만감을 준다. 하지만 과일은 많이 먹을 경우 당분 때문에 칼로리가 많을 수 있다. 하지만 과일은 소아 비만아들이 좋아하는 피자, 햄버거 등의 음식에 비하면 칼로리가 적은 편으로 대체 음식으로 추천할 만하다. 또 인스턴트 음식을 먹을 때 양을 줄이고 그 대신 과일의 양을 늘리면 체중 감량에 도움이 된다.

채소는 섬유소가 많은 음식으로 과일에 비해 칼로리가 낮아서 소아 비만아들이 마음껏 먹어도 살찔 염려가 없다. 따라서 소아 비만아들은 식이 요법 중 배가 고프거나 음식에 대한 유혹을 참기 힘들 때 당근, 오이, 해초 등을 먹는 것이 좋다.

| 현미 |

소아 비만에 주의하려면 흰설탕, 흰쌀, 흰밀가루를 먹지 않도록 주의한다. 그리고 정백하지 않은 자연 그대로의 현미를 먹는 것이 좋다. 그리고 만약 백미를 먹게 된다면 보리, 수수, 좁쌀 등의 영양소를 풍부하게 가진 잡곡을 혼합하는 것이 비만 예방은 물론 치료에 도움이 된다.

✚ 백미와 현미 및 잡곡의 영양 비교표

이름	단백질(g)	지질(g)	당질(g)	칼슘(g)	철(g)
현미	7.5	2.3	72.5	9	1.0
백미	6.2	0.8	76.6	6	0.4
보리	10	1.9	66.5	40	4.5
좁쌀	9.9	3.5	63.7	21	5.0

| 씨앗 식품 |

씨앗은 고기의 역할을 할 뿐만 아니라 고기보다 단백질이 더 풍부하면서 소화되기는 훨씬 쉽다. 따라서 단백질 섭취를 돕고 소아 비만을 예방하고 치료하는 데 도움이 된다. 또 씨앗 식품은 단백질 이외에 레시틴이라는 물질을 가지고 있는데, 이 성분은 지방과 인, 질소의 화합물로 신경이나 뇌 조직의 중요한 부분을 만든다. 따라서 성장하는 아이들에게 효과적이다. 특히 깨는 치즈보다 칼슘이 많고 우유의 약 2배가량 되는 칼슘량을 포함하고 있다. 대표적인 씨앗 식품으로는 콩, 옥수수, 깨 등이 있다.

주방을 책임지는 엄마에게 책임이 있습니다

사실 소아 비만의 책임은 절반 이상이 엄마 몫이다. 주방을 책임지고 있는 엄마의 손에 의해 아이의 식습관이 결정되기 때문이다. 특히 아이들의 식습관은 이유식 시기에 결정되는데 이때 엄마가 신경 써서 아이에게 이유식을 만들어줬는지, 아니면 시판되는 인스턴트 이유식을 먹였는지에 따라 그 차이가 확연하게 나타난다.

"일부러 주지 않아도 아이들이 햄버거, 피자를 좋아하는데 어떻게 해요?"

집에서 된장국에 밥을 주어도 아이들은 어느샌가 햄버거, 피자 등에 맛을 들인다. 하지만 이런 이유를 대면서 엄마의 책임을 회피할 순 없다. 서양 요리라도 조리법만 달리 하면 얼마든지 칼로리를 낮출 수 있기 때문이다. 예를 들어 육류 요리는 지방이 많은 부위를 피해 조리하면 저칼로리 요리가 된다. 또 재료를 바꿔서 고칼로리 음식을 저칼로리 음식으로 바꿀 수 있다.

이렇게 조리법을 이용해 고칼로리 음식의 섭취량을 줄이려면 우선 몇 가지 바꾸어야 하는 것이 있다.

외식을 줄인다.

편리해진 식생활 환경으로 집에서 조리하지 않고도 얼마든지 끼니를 때울 수 있게 되었다. 집에서 주문을 하거나 가족들과 외식을 자주 하는 등 아이는 소아 비만이 될 수 있는 환경에 노출되기 쉽다. 따라서 외식과 주문 요리 섭취를 줄인다.

하루 한 끼라도 엄마가 직접 요리해서 먹인다.

급식, 외식 업체는 아이 개인을 고려해서 저칼로리 음식을 일부러 만들어주진 않는다. 아이의 연령은 물론 비만 정도에 따른 치료 식단을 작성하고 실천할 수 있는 사람은 바로 엄마다. 엄마가 조금만 신경 써서 식단을 짜고 요리를 한다면 아이는 조금씩 나아질 수 있기 때문이다.

가족의 입맛을 바꾼다.

아이는 유전적으로 엄마 아빠의 체질을 받지 않아도 후천적인 식습관은 물려받게 되어 있다. 엄마 아빠가 육류 요리만 즐기거나 고칼로리 음식을 자주 먹는 식습관을 가지고 있다면 아이 역시 자연스럽게 입맛이 바뀌게 된다. 따라서 아이보다 엄마 아빠가 먼저 저칼로리 음식 위주의 식단으로 입맛을 바꾸어야 한다.

되도록 기름은 사용하지 않는다.

음식을 만들 때 되도록 기름을 사용하지 않는다. 볶음 요리를 할 때는 테프론 처리가 된 프라이팬을 사용하여 눌러붙지 않게 볶는다. 또 재료를 미리 끓는 물에 데쳐서 기름 없이도 볶음 요리를 만들 수 있게 한다. 또 볶음 요리 외에 찜, 삶기, 데치기, 조림 등의 조리법을 사용하도록 한다.

기름 흡수량을 줄인다.

튀김은 아이들이 좋아하는 음식 중 하나다. 하지만 튀긴 음식은 지방 섭취율을 높여 소아 비만에 걸리게 한다. 따라서 튀긴 음식을 만들더라도 음식에 기름 흡수율이 적게 조리해야 한다. 튀김은 재료와 튀기는 방법, 온도에 따라 기름 흡수율에 차이가 나는데 재료만 튀기거나 전분을 입혀 튀기는 것이 튀김옷을 입혀 튀기는 것보다 기름 흡수율을 2분의 1에서 3분의 1 정도 낮출 수 있다.

면 요리에는 야채를 많이 넣는다.

소아 비만에 걸린 아이들을 보면 가장 선호하는 음식이 밥과 면류다. 따라서 아이가 좋아하는 볶음밥이나 스파게티를 만들 때 야채를 부재료로 해서 밥과 면의 양을 줄이도록 한다. 단, 부재료로 햄이나 소시지, 치즈 등을 넣지 않도록 조심한다.

저칼로리 음식 조리법을 이용한다.

- 조림 │ 튀기거나 볶는 조리법과는 달리, 기름을 사용하는 것이 아니라 물을 이용한 조리법이므로 칼로리가 낮다.

- 호일 구이 │ 기름에 음식을 구우면 고칼로리 음식이 되지만 호일을 이용하여 구우면 칼로리를 낮출 수 있다. 그리고 생선 구이 같은 경우는 호일 구이로 하면

몸에 좋은 생선 지방을 그대로 먹을 수 있다.

● 찜 │ 기름기가 많은 고기나 생선은 찌거나 삶으면 기름기가 빠져나가 저칼로리 상태로 섭취할 수 있다.

육류는 지방이 적은 부위를 사용한다.

돼지고기가 쇠고기보다 지방이 많고, 쇠고기는 닭고기보다 지방이 많다. 하지만 부위에 따라서 지방이 더 많이 포함되어 있기도 하기 때문에 부위별 지방 분포도를 알고 음식 재료로 사용한다. 닭고기라고 해도 껍질은 고칼로리이기 때문에 닭 요리를 할 때는 껍질을 제거한 뒤 조리하는 것이 좋다. 또 스테이크를 구울 때도 석쇠에 구우면 프라이팬에 기름을 두르고 구울 때보다 칼로리가 반으로 줄어든다.

● **지방이 많은 고기 부위**

쇠고기 │ 허리 위 등심, 채끝, 어깻살, 안심

돼지고기 │ 삼겹살, 채끝, 어깻살, 안심

닭고기 │ 껍질

● **지방이 적은 고기 부위**

쇠고기 │ 홍두깨, 등심, 사태, 목살, 간

돼지고기 │ 등심, 사태, 목살, 간

닭고기 │ 껍질 벗긴 다리살, 껍질 벗긴 뱃살, 가슴살, 간

간식은 먹일까, 말까?

소아 비만아들이 다이어트를 시작하면서 가장 먼저 먹지 못하게 제재를 당하는 것이 바로 간식이다. 입에 하루 종일 달고 사는 과자부터 시작해서 온 가족이 둘러앉아 먹는 과일까지, 아이들은 밥 이외에 다른 음식은 전혀 먹지 못한다. 그러나 간식을 줄여서 금세 효과를 보는 경우는 드물다.

왜냐하면 아이들이 먹고 싶어 하는 욕구를 엄마 손으로 직접 끊을 순 없기 때문이다. 아이들은 엄마 시야 밖에서 달콤하고 고소한 간식거리를 몰래 먹는다. 소아 비만 치료를 위해 병원을 방문하는 아이들 중 100%가 간식을 제대로 끊지 못했다는 결과만 봐도 쉽게 알 수 있다.

하지만 문제는 간식을 끊지 못하는 것이 아니다. 한창 성장하는 아이들은 간식을 통해 영양을 보충해야 하는데 이를 모르고 무조건 간식을 끊어서 체중을 줄이려고 하는 생각에 문제가 있다.

한창 성장하는 아이들에겐 식사만으로 충분한 영양을 충족시킬 수 없기 때문에 1일 섭취 칼로리 중 20%는 간식으로 보충해 주어야 한다. 아이가 섭취해야 하는 간식의 양을 칼로리로 계산하면 하루 320~360kcal 정도가 된다.

"과자, 햄버거, 피자……, 애들이 먹는 간식은 너무 뻔하잖아요?"

소아 비만 치료를 위해 병원을 방문하는 엄마들에게 간식 이야기를 하면 사뭇 걱정하는 소리부터 한다. 바쁜 엄마들에겐 조금 서운한 말처럼 들릴지 모르지만 밖에서 파는 햄버거, 피자, 과자는 간식이 아니라 외식이라고 말하고 싶다. 진정한 간식이란 아이에게 모자란 영양을 고려해서 엄마가 정성들여 만들어주는 것이 아닐까. 따라서 제대로 된 간식을 먹는다면 아이들은 소아 비만을 걱정할 필요도 없다. 오히려 엄마가 신경 써서 만든 간식은 소아 비만을 치료하는 데 도움이 될 수 있다.

살찌지 않는 방법을 연구해서 간식을 만들면 살찌는 데 도움이 될 것 같은 달콤한 간식이 날씬해지는 데 한 몫하고 성장하는 데 두 몫하는 영양소로 둔갑한다. 엄마들이 조금만 부지런해진다면 가능한 일이다.

우선 아이들이 가장 좋아하는 간식 메뉴인 햄버거, 스파게티 등을 살펴보자. 고칼로리인데다가 단백질, 채소 등이 없어서 식사를 몇 번이나 한 결과를 낳는다. 따라서 이런 고칼로리 식품은 아이들이 밖에서 절대 사먹지 못하게 해야 소아 비만을 예방할 수 있다. 같은 요리라도 칼로리가 다른 영양 재료를 사용한다면 안심하고 먹일 수 있기 때문이다.

예를 들어 햄버거 같은 경우엔 빵의 크기를 작게 해서 양을 줄인다. 대신 야채 샐러드, 야채 주스 등을 곁들여서 포만감을 채울 수 있게 한다. 소스를 만들 때는 무즙을 넣어서 기름기가 적은 소스를 만든다. 그리고 피자는 토핑에 햄, 고기보다는 토마토, 피망, 버섯 등의 야채를 많이 넣어서 칼로리를 낮춘다.

여우처럼 날씬하게
간식 먹는 방법

솔직히 말하면 소아 비만 치료 중 가장 힘든 과정이 식이 요법을 통한 치료다. 특히 식이 요법 중에도 아이들 입맛에 딱 맞는 단 음식, 즉 간식 생활을 변화시키는 것이 가장 힘들다. 병원에 통원 치료를 받는 소아 비만아들 중에도 간혹 병원 주변에서 과자 한 봉지를 슈퍼마켓에서 사갖고 나오는 것을 나에게 직접 들킨 아이들이 몇몇 있으니 말이다.

하지만 모든 엄마들이 그렇듯 나 역시 매정하게 과자 봉지를 뺏어들기가 참 힘들었다. 과자를 사서 나오다가 들킨 녀석의 당황스런 모습에 웃음이 나기도 했지만 그보다 "얼마나 먹고 싶었으면……." 하는 마음이 들어서 그냥 웃고 말았다. "다음부터는 용서 없다!"라며 단단히 일러주긴 하지만.

그래서 고심 끝에 영양사들과 논의하여 아이들에게 여우처럼 먹는 간식 비법을 알려주기 시작했다. 과자에 대한 욕심을 버리지 못하는 아이들을 여우로 만들고 싶은 마음에 시작한 일인데 오히려 이 방법이 아이들의 간식 버릇을 서서히 고쳐주는 것 같아 알려주고자 한다.

5

과자나 스낵, 청량 음료는 단숨에 한 봉지, 한 병을 마시지 않는다.

염분, 당분, 기름기가 많은 스낵은 앉은 자리에서 봉지째 먹기 쉽다. 하지만 과자 한 봉지는 칼로리도 높고 염분, 당분, 기름기가 많아서 한 봉지를 거뜬히 먹을 경우엔 소아 비만을 부르는 주된 요인이 되어 버린다. 따라서 한 자리에서 한 봉지를 먹지 말고 여러 번 나누어 먹는다. 만약 배가 차지 않거나 더 먹고 싶다는 생각이 들면 과일이나 우유를 먹도록 한다. 좀 더 자세히 이야기하면 과자를 먹고 싶을 때는 과자 한 봉지 대신 과자 10분의 1과 우유 1컵, 딸기 5개를 먹는다.

대체 간식을 먹는다. 시판 중인 간식이라도 가려 먹는다면
합리적인 영양 공급을 하고 소아 비만도 예방할 수 있다.

예를 들어 청량 음료 대신 우유나 천연 과즙 음료, 아이스크림 대신 요구르트, 감자칩이나 스낵류 대신 뻥튀기 과자, 도너츠 대신 머핀을 먹으면 된다. 좀 더 칼로리가 낮고 염분이나 지방 함유율이 적은 간식을 고른다면 현명한 간식을 할 수 있게 된다.

간식을 많이 먹은 날에는 칼로리가 적은 음식으로 식사를 한다.

햄버거, 피자 등 포만감도 높고 칼로리도 높은 음식을 간식으로 먹었을 때는 부담 가지 않는 저칼로리 식품으로 식사를 대체해서 하루 섭취 칼로리에서 크게 벗어나지 않게 조절한다.

소아 비만 치료
전문 영양사들이 공개하는
날씬해지는 간식 요리법

| 딸기푸딩 |

딸기 5개, 달걀 1/2개, 달걀 노른자 1/4개, 우유 30cc, 설탕 5g, 올리브유 약간

⊙ 이렇게 만들어요

1. 딸기는 몇 개만 남기고 체에 내려서 으깬다.

2. 우유에 설탕을 넣고 우유를 데운다.
설탕이 녹으면 불에서 내려 나머지 우유를 붓는다.

3. 볼에 달걀과 달걀 노른자를 넣고 거품기로 저어서 푼다.
2를 넣고 섞어서 체에 내린 후 1을 넣고 섞는다.

4. 틀에 올리브유를 고루 바르고 남겨둔 딸기를 저며서
한 개씩 담은 후 반죽을 나누어서 담는다.

5. 170°C의 오븐에 넣어 20~30분 정도 찌면서 굽는다.
(찜통에 쪄도 무방하다.)

| 감자경단 |

찹쌀 20g, 쌀가루 20g, 감자 30g, 깐 밤 2개(중), 흑임자가루 1스푼, 카스텔라 30g

⊙ 이렇게 만들어요

1. 찹쌀은 깨끗이 씻어 일어서 다섯 시간 이상 충분히 불린 후 체에 받쳐 물기를 완전히 뺀 후 곱게 가루로 빻은 후 채친다.

2. 밤은 삶아 다진다. 흑임자가루는 곱게 빻아준다. 카스텔라는 노란 부분을 체에 내려둔다.

3. 1의 찹쌀가루에 뜨거운 물을 넣어 반죽한 다음 익혀 으깬 감자를 넣어 같이 반죽하여 한 덩어리로 만든다. 반죽 상태는 말랑말랑하면 적당하다.

4. 3의 반죽을 둥글게 빚어 끓는 물에 넣고 하나둘씩 떠오르면 건진다. 찬물에 헹군 다음 체에 받쳐 물기를 뺀다.

5. 준비한 고물을 넓은 그릇에 각각 담고, 삶아서 만든 완자를 준비한 각각의 고물에 묻힌다.

| 야채떡볶이 |

떡볶이떡 5개, 표고버섯 2장, 당근 20g, 양파 10g, 양배추 30g, 파프리카 10g,

깨 · 간장·설탕·소금·참기름 약간, 생수 2컵

⊙ 이렇게 만들어요

1. 떡볶이떡은 4등분하여 2cm 길이로 잘라
냉수에 담궈둔다.

2. 표고버섯은 갓부분만 저며서 채 썰고, 당근도 곱게
채 썰어 3cm 길이로 자른다.

3. 양배추는 연한 잎 부분으로 곱게 채 썰고,
파프리카는 손질 후 다져준다.

4. 양파는 가늘게 채 썰어 둔다.

5. 프라이팬에 식용유를 두르고 양파, 파프리카, 당근,
표고버섯, 떡볶이떡을 넣고 볶은 후 소금, 설탕, 간장,
깨소금, 참기름으로 양념해 볶아낸다.

| 고구마스펀지 |

고구마 70g, 흑설탕 2g, 꿀 5g, 달걀 1/2개, 밀가루(박력분), 식용유 약간

⊙ 이렇게 만들어요

1. 고구마는 껍질을 벗겨 사방으로 2cm로 썬다.

2. 볼에 달걀 노른자, 꿀, 흑설탕을 넣어 따뜻한 물에서
   중탕을 하면서 거품기로 저어 연한 갈색이 날 때까지
   거품을 낸다.

3. 달걀 흰자만 깨끗한 볼에 담아 거품기로 충분히
   거품을 내 1/3을 2에 넣어 고무 주걱으로
   잘 저어 곱게 섞는다.

4. 박력분을 체에 내려 나머지 2/3의 흰자 거품과
   3에 넣고 거품이 꺼지지 않도록 조심스럽게 젓고
   식용유를 넣어 재빨리 섞는다.

5. 준비된 틀에 기름 종이를 깔고 반죽을 담아 고구마를
   올려 예열된 170°C의 오븐에서 20분간 굽는다.

| 시금치감자구이 |

감자 70g, 시금치 10g, 양파 10g, 빵가루 5g, 당근 5g, 밀가루 2g, 달걀 10g, 식용유 5g

⊙ 이렇게 만들어요

1. 감자는 껍질을 벗긴 다음 푹 삶아서 으깬다.

2. 시금치는 깨끗이 손질해 파랗게 데친 후 헹궈
   물기를 꼭 짜서 잘게 썬다.

3. 당근과 양파는 손질 후 잘게 다진다.

4. 그릇에 감자, 시금치, 당근, 양파를 담고 고루 섞는다.

5. 잘 섞인 반죽을 동글납작하게 빚어 밀가루, 달걀물,
   빵가루를 묻혀 팬에 노릇노릇하게 익힌다.

| 닭고기샐러드 |

양상추 30g, 치커리 10g, 적채 10g, 닭가슴살 30g, 청주 1작은술, 소금 약간, 간장 드레싱 약간

⊙ 이렇게 만들어요

1. 닭가슴살은 청주와 소금을 넣은 물에 삶아
   손으로 잘게 찢어놓는다.
2. 야채는 찬물에 깨끗이 씻어 먹기 좋은 크기로 찢어둔다.
3. 접시에 야채를 담고 닭가슴살을 소복이 얹은 후
   드레싱을 뿌린다.

| 양송이꼬치구이 |

양송이 3개, 올리고당과 올리브유 약간, 조림 간장 1큰술, 꼬처 1개

⊙ 이렇게 만들어요

1. 양송이는 깨끗이 씻어 이등분한 후 꼬치에 꿴다.
2. 조림 간장과 올리고당은 잘 섞어 소스를 만든다.
3. 올리브유를 두른 팬에 꼬치를 넣고 소스를 발라가며
   구워낸다.

| 사과구이 |

사과 1개, 올리브유 약간, 황설탕 1/2큰술, 계핏가루 약간

⊙ 이렇게 만들어요

1. 사과는 깨끗이 씻어 윗면을 1cm 정도 자르고
   씨를 파낸다

2. 1의 사과 안에 올리브유, 황설탕, 계핏가루를 뿌린다.
   다시 잘라낸 사과 윗면을 덮어 호일에 싸서
   180°C의 오븐 또는 그릴에 30~40분간 굽는다.

| 삶은달걀카나페 |

삶은달걀 1개, 다진양파 1작은술, 참치 1/2큰술, 플레인요구르트 30g, 소금·후추·토마토케첩 약간

⊙ 이렇게 만들어요

1. 삶아놓은 달걀을 이등분하여 노른자만 뺀다.

2. 다진 양파와 참치, 플레인요구르트, 소금과 후춧가루
   약간을 섞어 버무린다.

3. 2를 흰자의 노른자 자리에 소복이 담는다. 그 위를
   토마토케첩으로 장식한다.

| 두부샌드위치 |

동그랗게 자른 토마토 1쪽, 두부 30g, 양파 10g, 참치 20g

토마토케첩 2작은술, 소금·후춧가루 약간

⊙ 이렇게 만들어요

1. 두부는 1cm 두께로 토마토만하게 2장을 자른다.

2. 위 두부 2장 사이에 토마토를 끼워 샌드위치를 만든다.

3. 손이나 거즈로 기름을 꼭 짜낸 참치에 다진 양파와
토마토케첩, 소금, 후춧가루를 넣어 버무린 것을
두부 위에 듬뿍 올려낸다.
먹을 땐 포크로 잘라가며 먹는다.

살 안 찌는 식단 짜기

소아 비만아를 둔 엄마들은 부엌에만 들어서면 겁이 난다고 한다.

"혹시 이 음식을 먹어서 살이 더 찌는 건 아닐까?", "이 음식은 얼마만큼 먹여야 하는 거지?", "살이 빠지게 하려면 밥 한 공기를 다 줘야 하나 아니면 덜어야 하나……?"

소아 비만 치료를 받는 아이들은 사실 밥 먹기가 두렵다. 밥을 먹고 나면 또 살이 찌는 게 아닌가 싶기 때문이다. 하지만 성장을 위해 밥 먹기를 딱 끊어버릴 수도 없는 일. 양을 줄이면 성장하는 데 문제가 생기기 때문에 엄마들의 고민은 쉽게 해결되지 않는다.

따라서 소아 비만아를 둔 엄마들은 반은 영양사가 되어야 한다. 그리고 아이가 소아 비만에 걸리지 않았다고 너무 자만해도 안 된다. 소아 비만을 예방하고 치료하기 위해서는 엄마가 아이가 하루 먹어야 할 칼로리를 알고 성장에 도움이 되는 식단을 짜서 식생활을 조절하면 200% 그 효과를 발휘할 수 있기 때문이다.

소아 비만아를 위한 식단을 짜려면 우선 비만도를 조사한다.

비만도에 따라 하루 줄여야 하는 칼로리 숫자가 계산되어 있기 때문이다.

➕ 비만도에 따라 감량해야 하는 칼로리

비만도	감량할 칼로리
0~29%	240kcal
30~49%	480kcal
50~69%	480kcal
70% 이상	720kcal

비만도에 따라 감량할 칼로리가 정해지면 하루 에너지량을 생각해 본다.

하루 에너지량이란 신장별 체중 에너지 소요량에서 감량할 에너지 양을 빼면 된다. 이때 주의할 점은 소아 비만 치료는 식이 요법은 물론 운동 요법, 행동 요법이 함께 병행되기 때문에 하루 칼로리 소모가 많다. 따라서 이때 하루 에너지량을 일부러 낮게 잡지 않고 계산대로 정하도록 한다.

음식 칼로리를 계산한다.(칼로리 표 참조)

음식량에 따른 칼로리를 알고 음식을 만들 때 조절해야 한다.

163

같은 재료가 여러 번 겹치지 않도록 하며, 아이들이 좋아하는 음식은 간식을 통해 만족시킬 수 있도록 한다.

저칼로리 음식이거나 영양가 높은 음식이라고 해서 매번 같은 음식을 준다면 아이는 음식에 질리게 된다. 음식에 대한 거부감이 생기면 편식 습관이 생기거나 집 밖에서 인스턴트 음식으로 공복감을 채우게 되는 부작용이 생길 수 있으므로 되도록 다양한 재료로 음식을 만드는 것이 좋다.

홍은 소아과 소아 비만 치료 전문 영양사가 공개하는 식단

요일	아침	간식	점심	간식	저녁	총칼로리
월	잡곡밥 애호박찌개 알찜 385kcal	저지방 우유 200ml 125kcal	팥밥 콩나물국 채소알감자조림 465kcal	저지방 우유 200ml 125kcal	잡곡밥 배추된장국 대구살콩나물찜 어린이김치 390kcal	1490kcal
화	수수밥 쇠고기미역국 어묵야채볶음 김구이 420kcal	저지방 우유 200ml 125kcal	잡곡밥 닭살국 조갯살전 오이부추무침 468kcal	저지방 우유 200ml 125kcal	흰밥 아기김치무국 멸치두부지짐 고구마잡채 450kcal	1588kcal
수	잡곡밥 고구마근대국 다시마감자조림 390kcal	저지방 우유 200ml 125kcal	오징어무국 밥강정 쇠안심브로콜리볶음 530kcal	굴요거트 131kcal	잡곡밥 감자야채국 버섯불고기 게맛살춘권 450kcal	1626kcal
목	잡곡밥 맑은장국 쇠안심볶음 오이부추무침 450kcal	저지방 우유 200ml 125kcal	흰밥 버섯계란국 미역치즈크로켓 콩나물무침 510kcal	저지방 우유 200ml 125kcal	해물팔보 김치볶음밥 탕평채 390kcal	1600kcal
금	차조밥 아욱된장국 두부계란구이 김구이 360kcal	저지방 우유 200ml 125kcal	무채국 해물빠예야 시금치달걀말이 490kcal	저지방 우유 200ml 125kcal	차조밥 쇠안심야채국 매로살찜 어린이김치 460kcal	1560kcal
토	울타리콩밥 김치전골 표고버섯완자찜 어린이김치 395kcal	저지방 우유 200ml 125kcal	흰밥 버섯찌개 햄버거스테이크 야채스틱 530kcal	배요거트 143kcal	울타리콩밥 미소된장국 오징어야채불고기 어린이김치 370kcal	1563kcal
일	잡곡밥 쇠고기무국 진멸치감자조림 김구이 410kcal	저지방 우유 200ml 125kcal	흰밥 해물두부된장국 깐풍기 어린이김치 580kcal	저지방 우유 200ml 125kcal	흰밥 김치콩나물국 계란찜 애호박나물 380kcal	1620kcal

요일	아침	간식	점심	간식	저녁	총칼로리
월	현미밥 해물두부된장국 닭고기동그랑땡 460kcal	저지방 우유 200ml 125kcal	잡곡밥 어린이알탕 감자옥수수볶음 어린이김치 420kcal	저지방 우유 200ml 125kcal	현미밥 유부찌개 가지쇠고기호박찜 380kcal	1510kcal
화	잡곡밥 어린이김치찌개 마파두부 420kcal	저지방 우유 200ml 125kcal	팽이미소국 무숙주비빔밥 어린이김치 480kcal	저지방 우유 200ml 125kcal	잡곡밥 돈안심감자탕 가자미구이 350kcal	1500kcal
수	울타리콩밥 버섯건새우국 야채잡채 390kcal	저지방 우유 200ml 125kcal	해물쌀국수 오이생채 480kcal	사과 플레인요구르트 133kcal	울타리콩밥 오뎅전골 김치떡갈비 430kcal	1558kcal
목	흰밥 홍합살미역국 오이뱃두리 김구이 410kcal	저지방 우유 200ml 125kcal	현미밥 김치콩나물국 버섯유부조림 585kcal	저지방 우유 200ml 125kcal	현미밥 감자맑은국 스크램블두부 버섯배추전 360kcal	1605kcal
금	잡곡밥 당근호박스프 두부계란구이 360kcal	저지방 우유 200ml 125kcal	팽이미소국 못난이콩나물볶음밥 어린이김치 520kcal	저지방 우유 200ml 125kcal	현미밥 쇠고기완자맑은국 도토리묵무침 430kcal	1560kcal
토	현미밥 닭계장 생미역오이무침 430kcla	저지방 우유 200ml 125kcal	단호박스파게티 바나나우유 (생바나나 첨가) 550kcal	메론 플레인요구르트 138kcal	현미밥 감자미역국 메추리알연근조림 어린이김치 380kcal	1623kcal
일	강낭콩밥 돈안심콩나물국 야채계란말이 450kcal	저지방 우유 200ml 125kcal	삼계탕 과일화채 610kcal	저지방 우유 200ml 125kcal	강남콩밥 새우완자탕 오이새송이볶음 어린이김치 370kcal	1680kcal

위의 2주일치 메뉴는 4~6세 소아를 기준으로 작성하였으며 칼로리 계산 중 약간의 오차는 있을 수 있다.

살 안 찌는 아이들 음식, 이렇게 만들어요

| 닭고기동그랑땡 |

닭가슴살 40g, 두부 50g, 시금치 20g, 표고 20g, 양파 20g, 전분, 달걀

⊙ **이렇게 만들어요**

1. 닭은 삶아 곱게 찢는다.

2. 두부는 끓는 물에 살짝 데쳐 곱게 으깬다.
야채는 사방 1cm로 썰어 놓는다.

3. 1, 2, 3을 그릇에 담고 전분을 잘 섞어 달걀물을
씌워 팬에 지진다.

칼로리 92kcal | 단백질 16g | 칼슘 80mg | 철분 2mg | 비타민 C 13mg

| 마파두부 |

두부 40g, 청피망 5g, 참치회살 20g, 당근 10g, 양파 20g, 육수,
설탕, 녹말, 참기름, 식용유, 간장, 생강, 파, 마늘, 고춧가루

⊙ 이렇게 만들어요

1. 참치살, 두부는 가로 세로 1cm씩 정사각형으로 잘라
놓는다.

2. 파, 마늘, 생강은 곱게 다지고 청피망, 당근, 양파는
사각으로 조그맣게 썬다.

3. 팬이 뜨거워지면 기름을 두르고, 파, 마늘, 생강을
볶다가 청피망, 당근, 양파를 넣어 볶고
야채가 어느 정도 익으면 참치살을 넣어 볶는다.

4. 육수을 넣고, 끓으면 설탕, 간장으로 간을 한 다음,
녹말로 농도를 맞춘다.

5. 걸죽해지면 두부를 넣고 고춧가루로 마무리한다.

칼로리 74.2kcal | 단백질 9.12g | 칼슘 61.8mg | 철분 1.09mg | 비타민 C 4mg

| 무숙주비빔밥 |

진밥 40g, 무 10g, 숙주 10g, 표고 10g, 달걀 1개, 고추장·참기름 약간

⊙ 이렇게 만들어요

1. 씻어 불린 쌀로 밥을 지어 따끈할 때 참기름, 소금으로 비벼 밑간을 한다.
2. 표고버섯을 볶아낸다.
3. 무는 잘게 채 썰고, 숙주는 다듬어 놓는다.
4. 달걀은 지단을 부쳐 놓는다. 밥에 준비한 재료를 얹어 비벼 먹는다.

칼로리 248kcal | 단백질 4.95g | 칼슘 33mg | 철분 1mg | 비타민 C 2.5mg

| 돈안심감자탕 |

돈안심 20g, 감자 15g, 애호박 15g, 당면 10g, 양파 10g, 실파 5g

⊙ 이렇게 만들어요

1. 감자와 애호박은 1.5cm 납작썰기해서 찬물에
담갔다가 건져 놓는다.

2. 양파는 채 썰고 실파는 어슷썰어 둔다.

3. 당면은 물에 불렸다가 적당한 길이로 자른다.

4. 물을 넣고 돈안심을 넣어 끓인 뒤, 고추장 약간과
양념을 넣어 끓어오르면 감자, 애호박을 넣어 익혀 준다.

5. 어느 정도 익으면 당면, 실파를 함께 넣고 소금으로
간을 맞춘다.

칼로리 47.15kcal ┃ 단백질 0.46g ┃ 칼슘 15.5mg ┃ 질분 0.445mg ┃ 비타민 C 7.85mg

| 야채잡채 |

돼지고기 20g, 부추 10g, 콩나물 10g, 당근 10g, 파, 마늘, 소금, 간장, 참기름

⊙ 이렇게 만들어요

1. 돼지고기는 살코기로 준비하여 기름기를 떼내고 얇게 포를 떠서 녹말과 청주를 넣고 조물조물 무친 뒤 30분쯤 재워 놓는다.

2. 부추는 깨끗이 다듬어 씻은 뒤 물기를 빼고 2cm 길이로 썰어두고 콩나물도 손질하여 같은 길이로 썰어둔다.

3. 당근은 곱게 채 썰고 대파는 깨끗이 다듬어 씻은 뒤 송송 썰어 놓는다.

4. 프라이팬에 기름을 넉넉히 부어 끓으면 녹말가루 입힌 고기를 넣어 재빨리 데치듯이 볶는다. 고기가 익으면 건져 기름을 뺀다.

5. 다시 팬에 기름을 두르고 길게 썬 대파와 다진 마늘을 넣어 가끔씩 저어주면서 약한 불에 볶아 기름에 향이 우러나도록 한다.

6. 5에 당근을 넣고 볶다가 부추와 콩나물을 넣고 재빨리 볶는다. 파랗게 볶아지면 데친 고기를 넣고 소금과 간장으로 간한 뒤 참기름을 넣고 잠시 뒤적여 불에서 내린다.

칼로리 53.6kcal | 단백질 4.82g | 칼슘 8.3mg | 철분 0.45mg | 비타민 C 1.8mg

| 해물쌀국수 |

삶은쌀국수 40g, 새우 30g, 오징어 10g, 양송이버섯 20g, 양배추 20g, 피망 5g,

마늘, 굴소스, 식용유, 소금, 통깨

⊙ 이렇게 만들어요

1. 삶은 쌀국수를 6cm 길이로 자른다.

2. 새우살은 손질해서 반으로 자르고, 오징어는 껍질을
벗긴 뒤 안쪽에 칼집을 내어 사방 2cm 크기로 자른다.

3. 양송이버섯은 갓만 얇게 저며 썰고, 양배추는 연한
부분만 굵게 채 썬다. 피망은 씨를 빼고
새우살 크기로 썬다.

4. 다진 마늘을 식용유에 볶다가 버섯, 채소, 해물을
넣어 볶는다. 굴소스를 넣고 볶은 뒤 쌀국수를 넣어
섞는다. 소금으로 간하고 통깨를 뿌린다.

칼로리 186.3kcal | 단백질 9.3g | 칼슘 45.4g | 철분 1.2mg | 비타민 C 7.1mg

| 오이뱃두리 |

오이 20g, 다진쇠고기 10g, 소금, 고기양념(파, 마늘, 간장, 설탕, 후추, 깨소금, 참기름),

볶음양념(고춧가루, 통깨, 참기름, 실고추)

⊙ 이렇게 만들어요

1. 오이는 소금으로 문질러 씻는다.

2. 1의 손질한 오이를 적당한 굵기로 어슷썰어 소금을 뿌려 절인다.

3. 곱게 다진 쇠고기는 다진 파, 다진 마늘, 간장, 설탕, 후춧가루, 깨소금, 참기름으로 양념한다.

4. 2의 절인 오이는 씻어 물기를 꼭 짠다.

5. 프라이팬에 식용유를 두르고 양념한 고기를 볶는다. 오이를 두껍게 토막냈을 때는 오이를 먼저 살짝 볶고 나중에 쇠고기를 넣으면 된다.

6. 고춧가루, 절인 오이를 넣고 같이 볶는다.

7. 통깨, 참기름, 실고추를 넣고 불을 끈다.

칼로리 20.5kcal 단백질 5.39g 칼슘 6.7mg 철분 0.53mg 비타민 C 2.2mg

| 스크램블두부 |

두부 40g, 아몬드가루 10g, 파슬리 1g, 양파 20g, 실파 5g, 바비큐소스

⊙ 이렇게 만들어요

1. 물기를 뺀 두부를 큰 그릇에서 으깬 후 파와 양송이, 파슬리, 양파를 모두 다져 섞는다.

2. 프라이팬에 약간 기름을 두른 후 1을 넣고 물기가 없어질 때까지 저으면서 볶는다.

3. 마지막에 바비큐소스를 넣어 살짝 볶다가 어느 정도 어우러지면 아몬드가루를 뿌린다.

칼로리 108.65kcal · 단백질 6.38g · 칼슘 85.6mg · 철분 1.21mg · 비타민 C 4.79mg

| 당근호박스프 |

당근 30g, 애호박 20g, 완두콩 10g, 캐슈넛 10g, 화이트소스

⊙ 이렇게 만들어요

1. 당근은 손질하여 1cm 사각으로 잘라준다.

2. 완두콩은 삶아서 다져둔다. 애호박은 손질하여 2cm
크기로 자른다. 캐슈넛은 손질 후 가루를 낸다.

3. 냄비에 당근과 완두콩을 버터로 볶다가 화이트소스와
육수를 넣어 끓여 주다가 어느 정도 끓으면 단호박
으깬 것과 캐슈넛 가루를 넣어 끓여준다.

칼로리 81.9kcal · 단백질 2.96g · 칼슘 41.9mg · 철분 0.9mg · 비타민 C 2.8mg

| 못난이콩나물볶음밥 |

진밥 40g, 콩나물 10g, 쇠고기 10g, 오이 10g, 참기름

⊙ 이렇게 만들어요

1. 쌀은 미지근한 물에 씻어 불린 다음 물기를 뺀다.

2. 콩나물은 지저분한 꼬리를 다듬어 씻어 물기를 뺀다.

3. 냄비나 솥에 쌀과 다듬은 콩나물을 켜켜로 얹는다.

4. 뚜껑을 덮고 센불에서 끓이다가 끓어오르면 약불로 뜸을 들인다.

5. 오이는 1~2cm 길이로 썰어 돌려깎기하여 곱게 채 썬다.

6. 쇠고기는 곱게 채 썰어 간장, 다진 파, 다진 마늘, 깨소금, 참기름으로 간하여 볶는다. 잠시 재워두었다가 볶으면 더 맛있다.

7. 간장, 고춧가루, 다진 파, 다진 마늘, 깨소금, 참기름을 섞어 양념 간장을 만든다.

8. 밥이 되면 잘 섞어서 그릇에 담는다.

9. 쇠고기, 오이를 얹고 양념 간장을 곁들인다.

칼로리 169.6kcal ｜ 단백질 5.61g ｜ 칼슘 5.8mg ｜ 철분 0.36mg ｜ 비타민 C 2mg

| 쇠고기완자맑은국 |

쇠고기 20g, 두부 20g, 당근 10g, 양파 10g, 달걀 10g, 대파, 참기름

⊙ 이렇게 만들어요

1. 쇠고기는 다진 후 후추와 으깬 두부를 섞어서
   완자 모양을 만든다.

2. 양파와 당근은 1cm로 썰어두고 대파는 송송 썰어둔다.

3. 육수를 끓이다가 간장과 소금으로 간하고
   당근을 넣고 익으면 1의 완자와 대파, 풀어놓은 달걀
   을 넣어 끓여 완성한다.

칼로리 71.7kcal | 단백질 13g | 칼슘 20.7mg | 철분 2.9mg | 비타민 C 1.5mg

| 도토리묵무침 |

도토리묵 30g, 양배추 20g, 오이 15g, 사과 15g, 실파 10g, 설탕, 마늘, 통깨, 소금

⊙ 이렇게 만들어요

1. 도토리묵은 살짝 데친 후 채 썰어두고 나머지 재료들은 곱게 채 썰어 물에 담궈 둔다.

2. 간장, 설탕, 다진 마늘, 통깨, 소금, 실파를 혼합한 후 1의 재료를 넣고 살짝 볶아낸다.

칼로리 27kcal │ 단백질 0.75g │ 칼슘 10.65mg │ 절분 0.29mg │ 비타민 C 14.15mg

| 생미역오이무침 |

생미역 40g, 오이 50g, 게맛살 30g, 대파 2g, 고춧가루, 식초, 설탕, 다진 마늘, 깨소금, 소금

⊙ 이렇게 만들어요

1. 생미역은 씻어서 끓는 물에 소금을 넣고 살짝 데친다.

2. 데친 미역은 여러 번 헹궈 2cm 길이로 썬다.

3. 대파는 어슷하게 채 썰어 찬물에 담갔다가 건지고,
오이는 소금으로 비벼 씻는다.

4. 씻은 오이는 반으로 잘라 어슷하게 썰어 소금에
살짝 절여 물기를 꼭 짠다.

5. 게맛살은 가늘게 찢어 2cm 길이로 지른다.

6. 고춧가루 약간, 식초, 설탕, 다진 마늘, 깨소금, 소금을
섞어 양념을 만든다.

7. 6의 양념에 생미역, 오이, 게맛살, 대파를 가볍게
무쳐 담는다.

칼로리 48.82kcal | 단백질 23.57g | 칼슘 119.82mg | 철분 3.29mg | 비타민 C 11.442mg

| 단호박스파게티 |

스파게티면 30g, 단호박 30g, 토마토 10g, 양파 15g, 표고버섯 15g, 우스터소스, 버터, 식용유

⊙ 이렇게 만들어요

1. 단호박, 양파는 잘게 다져둔다.

2. 건표고버섯은 불려 다지고, 토마토는 껍질을 벗겨
   굵게 다진다.

3. 버터를 녹여 단호박, 양파를 볶고
   표고버섯을 넣어 볶는다.

4. 3에 적포도주, 토마토케첩, 우스터소스를 넣고
   약한 불에 끓인다.

5. 4에 1, 2, 3을 넣고 끓여 소스를 만든다.

6. 스파게티면을 삶아 체에 받쳐 물기를 빼고
   적당한 길이로 잘라 식용유를 발라둔다.

7. 스파게티면에 5를 얹는다.

칼로리 287.75kcal | 단백질 4.36g | 칼슘 18.7mg | 철분 0.75mg | 비타민 C 10.2mg

| 돈안심콩나물국 |

콩나물 20g, 돈안심 20g, 배추 20g, 소금, 파, 마늘

⊙ 이렇게 만들어요

1. 콩나물은 손질하여 두고 속배추는 손질하여 2cm
사각썰기 한다.

2. 냄비에 물을 붓고 돈안심과 콩나물을 넣고 소금 약간을
넣어 콩나물의 구수한 냄새가 날 때까지 끓인다.

3. 끓으면 배추를 넣고 익으면 마지막에 송송 썬 실파를
넣어 한소끔 끓여 완성한다.

칼로리 24.9kcal · 단백질 5.09g · 칼슘 46.2mg · 철분 0.68mg · 비타민 C 10mg

| 오이새송이볶음 |

오이 30g, 새송이버섯 40g, 새우살 40g, 컬리플라워 30g, 실파채 2g, 완두콩 10g,

마늘, 소금, 후추, 깨소금, 참기름, 식용유

⊙ 이렇게 만들어요

1. 오이는 소금에 문질러 씻은 후 길게 반으로 잘라
어슷썬다. 컬리플라워는 살짝 데쳐 잘라둔다.

2. 1의 오이에 소금을 뿌려 10분 정도 절인 후 물기를
닦아낸다.

3. 새송이버섯은 갓 껍질을 살살 벗겨내고 0.3cm 두께로
저며 썰어 레몬즙을 조금 섞은 소금물에 헹궈 건진다.
완두콩은 데쳐서 작게 잘라준다.

4. 절인 오이와 새송이버섯, 컬리플라워에 각각 다진
마늘과 소금, 참기름을 넣고 무친다.

5. 프라이팬에 기름을 두르고 양념한 오이와 새송이버섯,
새우살을 볶다가 완두콩, 실파, 후춧가루를 넣고
볶은 후 깨소금을 뿌려낸다.

칼로리 56.26kcal | 단백질 8.61g | 칼슘 67.5mg | 철분 1.586mg | 비타민 C 21.98mg

| 알찜 |

메추리알 4개, 달걀 1개, 당근 20g, 불린목이버섯 10g, 파슬리 2g, 밀가루, 소금, 참기름, 식용유

⊙ 이렇게 만들어요

1. 메추리알은 따뜻한 물에서부터 넣어 10분 정도 삶아
반숙한 다음 껍질을 벗겨 3등분해 잘라놓는다.

2. 당근은 끓는 물에 살짝 삶아 얇게 썰어놓고,
목이버섯은 물에 불려 당근과 같은 크기로 썰어놓고,
파슬리는 잎부분만 떼어놓는다.

3. 1의 메추리알에 2의 재료를 섞고 소금, 참기름으로
양념하여 밀가루를 솔솔 뿌린 후 날달걀을 깨뜨려
살며시 혼합한다.

4. 3을 사각 가열 철판에 기름을 발라 불에 얹어 뜨겁게
달군 후 3의 재료를 부어 찜통에서 찐 다음 철판에서
빼내어 식혀서 얇게 썰어놓는다.

칼로리 77.3kcal | 단백질 15.46g | 칼슘 64.2mg | 철분 2.36mg | 비타민 C 1.2mg

| 채소알감자조림 |

두부 20g, 알감자 40g, 양파 10g, 당근 20g, 마늘, 설탕, 소금, 후추, 식용유, 참기름, 깨

⊙ **이렇게 만들어요**

1. 알감자는 껍질을 벗겨서 깨끗이 손질해 둔다.

2. 두부는 같은 크기로 네모지게 썰어 소금으로 간을 한 후 뜨겁게 달군 프라이팬에 식용유를 두르고 노릇노릇 하게 지져낸다.

3. 조림 팬에 식용유를 두르고 감자를 넣어 반 정도 익게 볶다가 마늘즙, 다진 양파, 다진 당근, 설탕, 육수, 소금, 후추를 넣어 조린다.

4. 감자가 거의 익으면 지진 두부를 넣어 양념이 어우러 지게 조려낸 후 마지막에 참기름, 깨를 넣어준다.

칼로리 102.8kcal | 단백질 4.2g | 칼슘 23.6mg | 철분 1.5mg | 비타민 C 57mg

| 대구살콩나물찜 |

대구살 20g, 콩나물 10g, 당근 10g, 달걀 60g, 김 5g

⊙ **이렇게 만들어요**

1. 달걀은 잘 풀어 대구살과 섞는다.

2. 콩나물과 당근은 다져둔다.

3. 뚝배기에 물 2컵을 붓고 소금 약간으로 간을 한 후 끓으면 1의 재료와 2를 넣고 달걀이 익을 때까지 저어준다.

4. 3이 익으면 위에 김가루를 뿌리고 잠깐 뜸을 들여 완성한다.

칼로리 96.06kcal | 단백질 13.85g | 칼슘 54.75mg | 철분 2.17mg | 비타민 C 6.45mg

| 아기김치무국 |

흰살생선 20g, 무 20g, 아기김치 20g, 시금치 10g, 실파 10g, 육수, 소금, 마늘즙, 고춧물 약간

⊙ 이렇게 만들어요

1. 흰살생선은 손질하여 익혀 뼈를 바른다.
무는 손질하여 납작썰기한다.

2. 아기김치는 물기를 제거한 후 2cm 크기로 썰어준다.

3. 실파는 어슷 썰고 시금치는 소금 간하여 데친 후
2cm 길이로 썰어둔다.

4. 육수에 무를 넣어 끓이다가 아기김치를 넣고
소금과 마늘즙으로 약간의 간을 한 후
고춧물을 약간 넣고 어느 정도 익으면
시금치와 실파를 넣어 살짝 한 번 끓여준다.

칼로리 38.4kcal | 단백질 7.26g | 칼슘 38.6mg | 철분 0.6mg | 비타민 C 9.8mg

| 다시마감자조림 |

불린다시마 30g, 양송이버섯 30g, 감자 60g, 메추리알 4알, 양파 10g, 식용유, 참기름

⊙ 이렇게 만들어요

1. 데친 다시마는 5cm 길이, 2cm 폭으로 썰어 타래과
   모양으로 매듭을 짓는다.
2. 양송이, 감자와 양파는 손질 후 2cm 정도로
   깍뚝썰기한다.
3. 메추리알은 삶아서 껍질을 벗겨놓는다.
4. 냄비에 식용유를 두르고 양념장(간장, 물엿, 다진 파,
   마늘, 깨소금, 참기름)을 넣어 감자와 양파를 살짝
   볶다가 다시마 국물을 자작하게 붓고 끓인다.
   이때 다시마 매듭과 메추리알을 넣어 살짝 조린 다음
   참기름을 두르고 불을 끈다.

칼로리 94.8kcal   단백질 7.4g   칼슘 71.1mg   철분 3.2mg   비타민 C 5.9mg

| 밥강정 |

흰밥 30g, 단호박 30g, 검정깨 2g, 땅콩가루 3g, 호두가루 2g, 밀가루, 데리야키소스

⊙ 이렇게 만들어요

1. 단호박은 손질 후 익혀 씨와 껍질을 벗겨 1cm
사각으로 자른 후 버터에 볶는다.

2. 땅콩과 아몬드는 잘게 다진다.

3. 검은깨는 잘 씻어 일어서 볶아 다져둔다.

4. 질게 한 밥에 단호박과 땅콩, 아몬드, 깨 다진 것을
섞어 밀가루와 달걀물을 묻혀 노릇하게 지져낸다.

5. 냄비에 데리야키소스와 물을 넣고 끓이다가
4를 잘게 넣어 살짝 조려준다.

칼로리 175.9kcal | 단백질 4.45g | 칼슘 130.3mg | 철분 1.26mg | 비타민 C 5.7mg

| 게맛살춘권 |

게살 20g, 쌀국수 10g, 부추 10g, 당근 10g, 달걀 1/4개, 춘권피 2장, 참기름

⊙ 이렇게 만들어요

1. 밀가루에 달걀 푼 것을 넣어 되직하게 반죽한 후
   밀대로 밀어 춘권피를 만든다.

2. 소면은 삶아서 두고, 게살은 손질해 길고 가늘게
   찢어놓는다.

3. 당근은 곱게 채 썰어 볶는다. 부추는 손질 후
   데쳐 잘게 자른다.

4. 춘권피에 위의 재료를 넣어 사각지게 만든 후
   노릇하게 튀긴다.

칼로리 143.5kcal   단백질 10.5g   칼슘 42.2mg   철분 1.2mg   비타민 C 2.4mg

| 미역치즈크로켓 |

미역 10g, 치즈 20g, 감자 50g, 양파 15g, 당근 10g, 화이트소스, 식용유

⊙ 이렇게 만들어요

1. 미역은 물에 불려 잘게 다진 후 살짝 볶는다.

2. 양파, 당근은 잘게 다져 볶는다.

3. 감자는 삶아 곱게 으깨놓는다.

4. 으깬 감자에 다진 치즈, 야채, 화이트소스를 넣고
소금, 후추로 간해 동그랗게 빚는다.

5. 3을 밀가루, 달걀물, 빵가루 순으로 입혀 튀겨낸다.

칼로리 118.7kcal | 단백질 4.95g | 칼슘 198.5mg | 철분 2.27mg | 비타민 C 7.9mg

| 탕평채 |

청포묵 50g, 달걀 1/4개, 숙주 30g, 오이 20g, 당근 20g, 표고 20g, 김 1장,

참기름, 설탕, 깨소금, 마늘, 파, 후추, 간장

⊙ 이렇게 만들어요

1. 청포묵은 껍질 부분을 얇게 잘라내고 채 썬다.

2. 숙주는 데치고 오이는 채쳐 소금에 절여 물기를 뺀다.
    당근도 채친다.

3. 달걀은 흰자, 노른자를 분리하여 지단을 만든다.

4. 표고, 당근 순으로 볶고 모든 재료를 합쳐
    양념장으로 무친다.

칼로리 49.52kcal ·단백질 6.925g | 칼슘 60.6mg | 철분 0.77mg | 비타민 C 15.5mg

| 해물빠예야 |

흰밥 40g, 새우살 10g, 게살 10g, 애호박 10g, 비트 5g

⊙ 이렇게 만들어요

1. 새우살은 손질 후 3등분하고 게살은 잘게 찢어둔다.

2. 애호박과 비트는 손질하여 7mm 정도로 썰어둔다.

3. 냄비에 버터를 두르고 애호박과 비트를 볶다가
어느 정도 익으면 새우살과 게살을 넣어 함께 볶아준다.

4. 3이 어느 정도 익으면 밥을 넣고 고루 섞어 볶아 완성한다.

칼로리 195.6kcal · 단백질 12.99g · 칼슘 24.95mg · 질분 0.86mg · 비타민 C 5.9mg

| 표고버섯쇠고기완자찜 |

표고버섯 3장, 쇠고기 15g, 피망 10g, 양파 10g, 당근 10g, 부추 5g,

간장, 참기름, 설탕, 후추, 소금, 마늘

⊙ 이렇게 만들어요

1. 표고버섯을 물에 불린 후 잘 씻는다.

2. 쇠고기는 잘게 다진 후 간장, 참기름, 설탕, 후추,
마늘 등을 넣고 재워 놓는다.

3. 피망, 양파, 당근은 각각 5mm 사각으로 자르고,
부추도 5mm 길이로 잘라 2와 함께 재워 놓는다.

4. 쇠고기와 야채 재워놓은 것을 표고버섯의 갓 부분에
채워 넣는다.

5. 찜통에 넣고 찐다.

칼로리 41.75kcal | 단백질 3.84g | 칼슘 10.3mg | 철분 0.93mg | 비타민 C 13.8mg

| 깐풍기 |

닭고기 30g, 감자 30g, 당근 20g, 양파 20g, 대파 5g, 파프리카 5g, 녹말가루, 고춧기름

⊙ 이렇게 만들어요

1. 닭가슴살은 1cm 사각 썰어 우유에 담근 후,
   계란 흰자를 넣고 주물러 물녹말을 넣고 두 번 튀긴다.
2. 감자와 당근, 양파, 파프리카도 닭과 같은 크기로 썰어
   두고 대파는 어슷썰기한다.
3. 프라이팬에 고춧기름과 감자를 넣고 닭육수 약간을
   넣어 끓인다.
4. 끓어오르면 1과 당근, 양파와 파프리카를 넣는다.
5. 은근한 불에서 끓이다가 대파를 넣어 혼합한다.

칼로리 72.5kcal | 단백질 9.68g | 칼슘 23.15mg | 철분 1.11mg | 비타민 C 12.65mg

잘못된 식생활 습관

"무엇을 먹이느냐도 중요하지만, 어떻게 먹이느냐도 중요합니다."

엄마들에게 매일같이 반복하는 잔소리 중 하나가 식습관 들이기에 관한 것이다. 병원을 찾은 소아 비만아들의 식생활을 체크해 보면 몇 가지 공통 사항이 있는데, 과식은 가장 근본적인 문제이며 편식, 빨리 먹기, 폭식 등 문제가 되는 식생활 습관이 있다. 식생활 습관은 소아기에 이루어져야 하는 가장 기본적인 습관임에도 엄마들의 마음처럼 쉽게 이루어지지 않는다. 그러나 식습관 들이기에 실패했다고 해서 낙심할 필요는 없다. 식습관은 행동 교정 요법을 통해 이루어지기도 한다. 소아 비만 치료시, 식이 요법을 시작할 때 교육하면 더 좋은 효과를 얻을 수 있다. 우선 소아 비만아들의 공통적인 잘못된 식생활 습관을 살펴본 뒤 소아 비만 치료를 위한 올바른 식생활 습관을 알아본다.

아침 식사를 거른다.

아이들은 아침 식사를 하지 않는다. 따라서 점심, 저녁 식사 때 과식을 하는 경우가 많다. 또 점심과 저녁으로 포만감을 느끼지 못해서 간식을 자주 먹는 경우가 많다.

편식이 심하다.

소아 비만아들은 열량이 높은 육류나 면류 등을 많이 먹는다. 또 채소 등을 싫어해서 채소 섭취 부족에 시달리고 있다. 편식은 폭식을 하는 주된 원인이 되기도 하는데 성인병을 예방하기 위해서라도 여러 가지 음식을 골고루 먹는 것이 좋다.

밤에 먹는다.

오후 8시 이후에 먹는 음식은 피하지방으로 저장될 확률이 높다. 따라서 야식은 소아 비만을 일으키는 주범이기도 하다. 따라서 잠들기 2시간 전에는 음식에 손을 대지 않고, 치료가 필요한 소아 비만아들은 오후 6시에 저녁 식사를 한 뒤 아무것도 먹지 않는 것이 좋다.

빨리 먹는다.

음식을 빨리 먹으면 뇌가 포만감 신호를 보내기도 전에 계속 다른 음식을 먹게 된다. 따라서 필요 이상으로 많이 먹게 되는 요소가 된다. 따라서 식사는 천천히 꼭꼭 씹어 먹는 습관을 들여야 하는데, 소아 비만아의 경우는 음식을 먹을 때 최소 50번은 씹어서 넘기도록 한다.

하루 종일 먹는다.

텔레비전을 보면서, 책을 읽으면서 무의식중에 먹게 되는 음식은 자신도 모르는 사이에 과식을 하게 된다. 따라서 음식은 항상 식사 시간에만 먹도록 하는 것이 좋다.

군것질을 자주 한다.

소아 비만아들은 특히 군것질이 심한데 집에서 음식량을 줄였을 경우 그 양이 더 늘어난다. 주로 엄마 몰래 사먹는 경우가 많고 당분과 염분이 가득한 인스턴트 식품을 먹는다.

소아 비만 치료를 위한 올바른 식생활

아침 식사를 꼭 한다.

아침을 먹으면 속이 든든해져서 점심 식사 전에 배고픔을 느끼지 않는다. 따라서 점심 식사, 저녁 식사 때 폭식이나 과식을 하지 않게 만들어준다. 따라서 아침, 점심, 저녁 세 끼를 제때 먹는 것이 가장 바람직하다. 아침은 보통 오전 8시 정도에 먹는 것이 좋고 점심은 12시 30분, 저녁은 오후 6시 정도에 먹는 것이 좋다. 이상적인 아침 메뉴는 위에 부담이 가지 않는 것으로 밥과 국을 기본으로 하는 한식 메뉴도 좋고 야채와 빵, 우유를 기본 식단으로 해도 좋다.

밥을 먹을 땐 50번 이상 음식물을 씹는다.

천천히 먹는 습관을 들이는 것도 좋지만 음식물을 꼭꼭 씹어 먹는 것도 소아 비만 치료에 도움이 된다. 음식을 과다하게 많이 먹지 않게 되는 것은 물론 소화 흡수를 도와서 살이 찌는 것을 예방한다.

밥은 되도록 집에서 먹고 가족들과 함께 식사한다.

요즘 소아 비만이 늘어나는 주된 원인 중 하나는 아이 혼자 밥을 먹는 경우가 많기 때문이다. 아이들은 절제력이 없어서 과식을 하게 될 위험이 크다. 따라서 밥은 집에서 가족들과 함께 식사할 수 있도록 해야 한다. 만약 엄마가 직장 생활을 한다면 친척집에서 식사를 하게 하거나 도시락을 싸둬서 일정량을 먹을 수 있게 한다.

음식 일지를 쓴다.

음식 일지를 만들어서 관리를 하면 식이 요법 효과를 100% 볼 수 있다. 우선 노트에 하루 먹은 음식을 적는다. 처음엔 양까지 정확하게 적지 않아도 된다. 음식명을 쓰고 식사 시간을 체크한다. 그리고 난 뒤 2주일 정도 지나서 음식 일지를 매일매일 쓰게 되면 음식명과 함께 분량을 쓴다. 자세한 분량이 아니더라도 1컵, 1접시 등의 눈대중 양을 적어도 된다. 그리고 일주일에 한 번씩 먹은 음식의 내용과 양을 체크해서 줄여야 하는 양과 먹지 않도록 노력해야 하는 음식 등을 기록하여 목표를 세운다.

식사 전에 물을 한 컵 마신다.

물은 공복감을 느낄 때 마시면 비만 치료에 도움을 준다. 식사 전에 물 1컵을 마시거나 배고플 때 우선 물을 한 컵 마시면 과식을 막을 수 있다. 물은 열량이 전혀 없어서 아무리 먹어도 살찔 염려가 없기 때문에 많이 마셔도 좋다. 단, 지나치게 많이 마셔서 위에 장애를 일으키지 않도록 조심한다.

간식은 엄마가 만든 것으로 먹는다.

간식은 될 수 있는 대로 줄이는 것이 좋다. 하지만 성장하는 아이에게 간식은 영양을 보충하는 공급원이기 때문에 무작정 못 먹게 해서는 안 된다. 아이가 줄여야 하는 간식으로는 과자, 초콜릿, 아이스크림 등 칼로리와 지방 성분은 많은 반면 비타민과 무기질은 전혀 없는 음식을 들 수 있다. 대신 인스턴트 간식을 줄이는 반면 엄마가 직접 만든 간식을 1일 2회 정도 주도록 한다.

남은 음식을 먹지 않는다.

옛날부터 우리 나라는 음식 남기는 것을 잘못된 버릇이라고 생각해서 배가 불러도 꾸역꾸역 한 그릇을 다 먹게 했다. 물론 음식을 남기는 버릇은 잘못됐다. 그러나 남긴 음식을 일부러 먹게 되면 과식을 하게 되고 점점 음식량이 늘어나게 된다. 따라서 음식을 먹을 때 적당량을 개인 접시에 담아 먹는 습관을 들이고 남은 음식을 일부러 먹지 않도록 조심한다.

칼로리가 낮은 음식부터 먹는다.

식사를 할 때도 규칙을 정하면 소아 비만 치료에 도움을 줄 수 있다. 음식을 먹을 때 칼로리가 낮은 과일이나 채소 등을 먼저 먹고 포만감을 채운 뒤 칼로리가 높은 음식을 먹도록 한다. 이런 식습관을 들이면 고칼로리 식품을 조금만 먹게 되어 총섭취 칼로리량이 줄어든다.

저녁 식사 때는 지방질 식품을 먹지 않는다.

저녁 식사는 잠자기 네 시간 전에 먹는 것이 좋다. 음식을 섭취한 뒤 충분히 소화가 될 시간이 필요하기 때문이다. 만약 음식이 소화되기 전에 잠자리에 들게 되면 음식물이 지방으로 축적되기 쉽다. 또 지방질 식품은 소화되는 데 오랜 시간이 걸리기 때문에 가능하면 저녁 식사로는 먹지 않도록 조심한다.

개인 그릇을 만든다.

한식은 냄비 하나를 식탁 위에 올려서 함께 먹는 식생활 패턴이다. 그러나 이렇게 먹게 될 경우에는 아이가 먹게 되는 양을 가늠할 수 없기 때문에 식사량을 조절할 수 없다. 따라서 소아 비만 치료를 적극적으로 하기 위해서는 개인 그릇을 만든다. 음식을 개인 접시에 덜어서 먹는 양을 조절할 수 있도록 한다.

30분 동안 식사를 한다.

빨리 먹는 습관은 폭식과 과식을 불러일으킨다. 따라서 음식을 천천히 먹는 습관을 들인다. 가장 이상적인 식사 시간은 20~30분이다. 그러나 이 시간 동안 텔레비전을 보거나 이야기를 오래 해서 시간을 끌지 않도록 주의한다. 30분 동안 음식을 천천히 씹어 먹고 다양한 음식을 골고루 먹을 수 있도록 노력한다.

기분이 나쁠 때 간식을 먹지 않는다.

아이들의 경우 스트레스를 풀 방법을 찾지 못해 달콤한 간식으로 스트레스를 푸는 경우가 많다. 앉은 자리에서 과자 한 봉지를 다 먹는 것은 물론 초콜릿 등 단 것을 찾게 된다. 따라서 아이들이 기분이 나쁠 때는 간식을 먹지 못하게 하고 밖에 나가서 뛰어 놀게 하거나 기분 전환이 될 수 있는 취미 등을 찾게 한다.

✚ 날씬하게 외식하는 방법

맞벌이 부부가 늘면서 외식 횟수가 증가하고 있다. 엄마 아빠에게는 편하고 좋은 식생활일지 몰라도 아이에게는 건강을 해치고 소아 비만이 되는 원인이 된다. 외식은 일반적으로 양념이 진하고 집에서 만든 요리와 비교했을 때 칼로리가 높고 영양가가 낮아서 성장하는 아이들에겐 좋지 않다. 특히 요즘 외식 문화가 한식에서 양식으로 바뀌면서 단백질과 지방이 많은 메뉴가 대부분이어서 소아 비만의 증가를 부추긴다.

따라서 우선 외식을 줄이고 집에서 가족들과 함께 식사할 수 있도록 노력한다. 그리고 꼭 외식을 해야 할 때는 메뉴 선정에 주의한다. 일품 요리보다는 정식 요리를 선택해서 야채 등 다양한 재료를 섭취할 수 있도록 한다. 만약 일품 요리를 먹게 된다면 우유를 미리 주문해서 아이가 함께 먹을 수 있게 한다. 메뉴 선택시 기름을 많이 사용하는 조리법으로 만들어진 메뉴는 피한다.

외식을 할 때는 아이가 곁들여진 야채를 남기지 않게 하고 샐러드를 먹을 때는 드레싱을 뿌리지 않고 먹는다. 그리고 되도록 디저트는 주문하지 않는다.

외식을 하고 돌아온 날에도 아이는 간식을 먹어서 영양 보충을 해야 하는데 이때 준비하는 간식은 야채 주스 등으로 만들어진 부담 없는 것으로 선택한다.

운동으로
비만을 치료하세요

운동으로
비만을 치료합니다

소아 비만아들에게는 운동 요법만큼 효과가 빠른 치료법이 없다. 그래서 병원을 찾는 소아 비만아들에게 다른 치료법보다 운동 요법을 강조하는 편이다. 소아 비만 치료에 운동이 중요한 것은 신체 발육과 성장에 지장을 주지 않기 때문이다. 칼로리 섭취를 줄이는 방법은 체중을 줄이는 기간을 단축시키고 눈에 띄는 효과가 빨리 나타날지는 몰라도 한창 성장하는 아이들에게 영양 섭취의 기회를 그만큼 줄어들게 한다. 그러나 운동은 아무리 강조해도 지나치지 않는다. 오히려 규칙적인 운동은 성장 발육을 촉진하는 역할을 하기 때문에 소아 비만을 치료하는 것은 물론 성장 발달을 돕는 일석이조의 효과를 볼 수 있다.

또 운동 부족이었던 소아 비만아들이 운동을 시작하게 되면 충분한 수면을 취할 수 있게 되어 야식을 먹게 되는 기회를 그만큼 줄인다. 뿐만 아니라 체중 조절과 내구력, 지구력 등도 향상된다. 그리고 최근 한 연구 조사에 의하면 운동을 습관화한 아이들은 초기 우울증을 예방하고 치료했다는 결과가 있어 우울증에 시달리는 소아 비만아들에게 '운동'만큼 탁월한 치료법은 그 어디에서도 찾기 힘들다.

소아 비만을 치료하는 데 효과적인 운동은 가볍게 걷는 운동에서부터 자전거 타기, 에어로빅, 수영 등 심폐 기관을 자극하는 유산소 운동이다. 유산소 운동은 운동을 할 때 산소가 필요한 만큼 충분히 공급되면 글리코겐이란 물질을 이산화탄소와 물로 완전히 분해한다. 이산화탄소는 호흡에 의해 폐에서 몸 밖으로 배출하고 물은 땀이나 수증기로 만들어 몸 밖으로 배출한다. 따라서 체내에 노폐물이 지나치게 축적되는 것을 막는다.

유산소 운동은 에너지원으로 초기에는 탄수화물의 저장 형태인 글리코겐을 사용하다가 그 후에는 혈액에 있는 포도당을 사용하고 점차 시간이 지나면 체지방을 포도당으로 전환하여 사용한다. 따라서 유산소 운동을 장시간 하면 체지방이 감소된다. 대표적인 유산소 운동은 걷기, 달리기, 자전기 타기, 계단 오르기, 에어로빅, 탁구, 배드민턴, 수영, 줄넘기, 등산, 농구 등이 있다. 하지만 아령, 역기, 씨름, 유도 등은 무산소 운동으로 탄수화물을 에너지원으로 사용하는 운동이다. 무산소 운동은 근육을 키우는 데는 좋지만 체중을 증가시키고 키를 크게 하는 역할이 적기 때문이 한창 성장하는 소아 비만아들에게는 부적절한 운동이다.

하지만 어떤 운동이든 꾸준히 하지 않으면 안 된다. 특히 소아 비만을 치료하려면 규칙적인 운동을 통해 체중을 조절해야 한다. 소아 비만은 체중을 감량해도 다시 재발하는 특성을 갖고 있기 때문에 규칙적인 운동이 생활화되어 치료 후에도 예방을 해야 한다.

소아 비만의
가장 빠른 치료약, 운동!

운동은 우리가 필요 이상의 음식물을 섭취했을 때의 칼로리 소모는 물론 몸의 균형을 유지해 주고 심장, 혈관계 기능을 강화시켜 준다. 그리고 건강한 몸으로 인해 정신까지 맑아지는 효과가 있다.

운동을 하면 몸을 유지하는 데 필요한 기초 에너지 대사량이 증가해서 똑같은 양을 먹더라도 1일 소모 열량이 증가하게 되어 체중이 줄어들게 된다. 따라서 운동만큼 효과 좋은 비만 치료약이 없고 또 운동만한 비만 예방법도 없다. 특히 저강도의 지속적이고 꾸준한 유산소 운동은 심장, 혈관계의 기능을 강화시키고 체지방을 분해시키는 효과가 있다. 물론 운동과 균형 잡힌 식사를 하면 효과는 배로 커진다. 그러나 식이 요법에만 충실하고 운동은 게을리하게 되면 근육이 위축되어 몸의 탄력이 떨어지게 된다. 하지만 운동과 식이 요법을 병행하게 되면 근육이 붙은 단단한 체형을 만들 수 있게 되어 1일 에너지 소모량이 증가한다. 왜냐하면 근육이 늘어나면 기초 대사량이 증가하기 때문이다. 따라서 운동하는 습관이 몸에 배어 있는 아이는 소아 비만에 걸릴 확률이 그만큼 줄어들고 성인이 되어도 비만에 걸릴 확률이 매우 적다. 뿐만 아니라 운동하는 습관 때문에 아이는 평생 건강한 몸을 유지할 수 있게 된다.

운동의 좋은 점은 이것으로 끝나지 않는다. 소아 비만에 걸린 아이들은 혈당을 조절하는 인슐린 반응이 없어지고 그 결과 당뇨병이 생겨 피하지방이 축적되기 쉬운데, 운동은 인슐린 반응을 회복시키는 효과가 있다. 따라서 운동을 하게 되면 소아 비만을 치료하는 것은 물론 소아 비만의 합병증인 당뇨병도 자연스럽게 예방한다. 또 운동을 하면 스트레스를 완화시켜 주어 심리적으로 위축되어 있는 소아 비만 아이들을 정신적으로 건강하게 만들어주기도 한다.

"운동을 하면 배가 고파져서 오히려 더 먹게 되면 어떻게 하죠?"

운동에 대한 오해를 갖고 있는 엄마들이 적지 않다. 그러나 이런 엄마들의 생각이 잘못된 것만은 아니다. 격렬한 운동은 소아 비만아들에게 오히려 역효과를 불러일으키기 때문이다. 100m 달리기와 같이 격렬한 운동은 순간적인 에너지가 필요하기 때문에 대부분 탄수화물을 통해 에너지를 발산하게 된다. 그러나 꾸준한 힘을 들여서 장시간 운동하는 유산소 운동은 지방을 에너지로 이용하기 때문에 체지방을 줄인다. 따라서 소아 비만아들은 유산소 운동을 통해 활동량을 늘여야 한다.

| 효과 200%, 활동량·운동량 늘리는 방법 |

소아 비만을 위한 운동은 무작정 시작하지 않아야 한다. 운동을 통해 소아 비만을 예방하고 치료하려면 어느날 갑자기 시작한다고 해서 효과가 나타나지 않는다. 특히 아이들은 아무런 계획성 없이 무작정 시작하게 되면 단시간에 포기하게 되고 운동에 대해 거부감을 일으키는 등의 역효과만 만들게 된다. 운동을 통해 소아 비만을 예방하고 치료하는 효과를 보려면 꾸준한 노력이 있어야 한다.

⊙ 운동을 시작하기에 앞서 평소 운동량을 체크한다

평소 생활 속에서 움직이는 활동량은 물론 운동량과 시간 등을 체크해 본다. 운동을 시작할 때 평소 운동량과 활동량에서 크게 벗어나지 않는 범위 내에서 출발하는 것이 좋기 때문이다.

✚ 운동 및 활동량 체크표

● 아침에 일어나서 식사 전에 간단한 체조 등을 한다.	예	아니오
● 학교는 걸어서 다닌다.	예	아니오
● 계단을 자주 이용한다.	예	아니오
● 쉬는 시간이면 운동장에 나가서 노는 편이다.	예	아니오
● 하교한 뒤 하루 30분 이상은 밖에서 뛰어논다.	예	아니오
● 제대로 할 수 있는 운동이 한 가지 이상 있다.	예	아니오
● 일주일에 한 번 정도는 수영, 태권도, 유도 등을 배우러 다닌다.	예	아니오
● 일주일에 한 번 이상 공원을 산책하거나 자전거, 롤러 블레이드를 탄다.	예	아니오
● 저녁 식사 후 체조나 걷기 등 가벼운 운동을 하고 취침한다.	예	아니오
● 텔레비전을 볼 때 누워서 본다.	예	아니오
● 식사 후에 바로 잠들거나 누워서 책을 보는 등 움직이지 않는 편이다.	예	아니오

앞의 표를 체크해서 〈예〉와 〈아니오〉로 체크된 부분을 자세히 살핀다. 평소 계단을 사용하는지, 집 밖에서 노는 시간은 하루 몇 시간 정도 되는지, 운동을 자주 한다면 일주일에 몇 번 정도인지 그리고 그 시간이 얼마나 되는지. 이런 방식으로 활동량과 운동량을 자세히 살핀 후에 운동 계획을 세운다.

운동 계획을 세울 때는 한 달 단위로 세운다. 우선 첫 달은 지금까지의 활동량과 운동량에서 크게 벗어나지 않게 세우는 것이 좋다. 예를 들어 앞의 체크표에서 모두 〈아니오〉로 나왔을 경우를 살펴보자. 체크표에서 모두 〈아니오〉로 나올 정도로 운동은 물론 활동량이 적은 사람은 무리하게 시간을 내어 운동을 배운다거나 매일 1~2시간 정도 운동을 하게 되면 피로감이 쌓이거나 갑작스럽게 활동량이 늘어서 공복감이 빨리 생기게 된다. 따라서 첫 달 운동 계획은 생활 속 활동량부터 차츰 늘리는 계획을 세운다.

옆의 표처럼 무리하게 운동 계획을 세우는 것보다 실생활에서 변화할 수 있는 활동량을 늘리도록 한다. 그리고 한 달이 지나면 아

✚ 운동 및 활동량 계획표

- 텔레비전을 볼 때 눕지 않고 앉아서 보거나 서 있는다.
- 엘리베이터, 에스컬레이터를 사용하지 않고 계단을 이용해 오르내리는 버릇을 들인다.
- 아침과 점심, 저녁 식사를 하고 난 뒤에는 줄넘기, 팔굽혀펴기, 윗몸일으키기 등 간단한 운동을 20분 정도 한다.
- 등교길은 걸어서 다닌다.
- 하루 30분 이상은 밖에서 뛰어논다. 만약 뛰어놀 거리가 마땅치 않을 때는 계단 오르내리기 등 밖에서 할 수 있는 간단한 운동을 한다.
- 책상 앞에 앉아 있는 시간을 하루 30분씩 줄여나간다.
- 엄마 아빠 심부름을 전담한다.
- 일주일에 한 번 이상 가족들과 공원에 나가서 산책을 하거나 걷는다.
- 빨래 널기, 방 청소, 설거지 등 칼로리 소모가 많은 집안일을 하루에 한 가지씩 한다.

이의 생활을 다시 체크해서 〈예〉가 늘어난 항목을 살펴보고 그에 맞춰 다시 새로운 한 달 운동을 계획한다.

⊙ 숨쉬기 운동으로 시작해서 숨쉬기 운동으로 끝낸다

운동을 하기 위해서는 시작 운동과 정리 운동이 함께 따라주어야 한다. 갑작스럽게 몸을 움직이면 심혈 관계에 무리를 줄 수 있기 때문이다. 특히 신체 기관이 건강하지 못한 소아 비만아들은 조심해야 한다. 몸을 안전하게 움직이게 하는 가장 좋은 시작, 정리 운동으로는 숨쉬기 운동이 있다. 정좌를 한 자세에서 두 손을 펴서 배에 올린 뒤 숨을 천천히 들이마시었다가 내쉬면 된다. 숨을 들이마실 때는 코로 들이마시고 내쉴 때는 입술을 작게 벌려서 입으로 숨을 내뱉는다. 이때 천천히 마음속으로 숫자를 세는데 들이마실 때 마음속으로 열을 세고 내쉴 때도 열을 센다.

숨쉬기 운동은 아침에 일어나서 식사하기 전, 학교 쉬는 시간, 하교 후, 취침 전 등 틈날 때마다 해도 좋다. 꼭 정좌를 하지 않고 일어선 자세에서 해도 되고 책상에 앉은 자세에서 해도 좋다.

정리 운동을 할 때는 본운동의 강도를 서서히 낮추다가 숨쉬기 운동으로 마지막을 정리하면 되는데 10분 정도 시간을 두어 맥박이 서서히 낮아지게 한다.

⊙ 운동을 한 뒤에는 10분 정도 편안하게 쉬는 시간을 갖는다

평상시 몸을 움직이지 않았던 소아 비만아들은 활동량을 늘리거나 운동량을 늘리면 쉽게 피로감을 갖게 된다. 따라서 몸을 활발하게 움직인 뒤에는 5~10분 정도 편안하게 쉴 수 있는 시간을 갖는 것이 좋다. 쉬는 시간을 통해 몸을 회복시키고 갑작스럽게 빨라진 심장 박동을 조절할 수 있어 운동에 대한 거부감을 가질 확률이 줄고 운동 후 생활 역시 자연스럽게 연결될 수 있어서 좋다.

⊙ 아이들이 좋아하는 운동부터 시작한다

아이들은 운동 치료를 할 때 가장 즐거워한다. 축구, 농구, 야구 등 다양한 운동을 오락으로 느끼기 때문이다. 따라서 아이들의 운동력을 자연스럽게 늘리려면 흥미를 갖는 좋아하는 운동부터 시작한다. 특히 철봉, 전력 질주 등의 운동은 민첩성, 순발력, 지구력을 요하기 때문에 몸이 둔한 소아 비만아들에게는 고통스러운 운동이다. 일반적으로 소아 비만아들이 좋아하는 운동은 수영이나 리듬 체조처럼 스스로 힘과 빠르기를 조절할 수 있어서 심장과 폐에 부담을 주지 않는 운동이다. 그리고 야구, 축구, 피구, 농구 등 놀이처럼 할 수 있는 것도 좋아한다.

⊙ 운동을 한 뒤에는 샤워를 한다

미지근한 물로 샤워를 하거나 뜨거운 물로 씻으면 긴장되었던 몸의 근육을 풀어주는 효과가 있어 좋다. 또 갑작스럽게 활동하는 탓에 받게 되는 스트레스도 풀 수 있다.

⊙ 운동 일지를 작성한다

아이들은 운동 일지를 통해 하루 운동량에 대해 파악하면서 반성과 자신감을 얻을 수 있다. 또 아이의 운동량이 한눈에 보이므로 운동량을 서서히 늘리는 데 도움이 된다.

✚ 운동 일지

날짜	2003년 7월 5일
운동 내용 및 시간	학교 체육 시간 : 스트레칭 및 배구(40분)
	태권도(50분)
활동량	하교길 걸었음(왕복 30분) 아침 맨손 체조(10분) 엄마 심부름 : 슈퍼마켓 다녀오기(10분). 아파트 계단 오르내리기 4번

소아 비만아에게 딱 좋은 스포츠

대부분의 엄마들은 비만 치료를 할 때 식이 요법 치료에 많은 기대를 한다. 엄마들이 직접 다이어트를 해본 결과 무조건 먹지 않는 방법이 가장 효과적이었다는 것이다. 그러나 소아 비만은 다르다. 소아 비만 치료를 할 때는 먹는 양을 줄이는 식이 요법 치료도 중요하지만 활동량을 늘리는 운동 요법이 없다면 아무런 효과가 없다. 식사량만을 줄일 경우에는 한창 성장하는 아이들이 단백질, 칼슘, 비타민 등의 섭취가 부족하게 된다. 따라서 건강 유지는 물론 성장에 필요한 영양소를 골고루 섭취하지 못해서 영양 결핍으로 오히려 건강을 해치고 성장에 방해가 될 수 있다. 또 식이 요법에만 의존하게 되면 일시적인 체중 감소에는 효과가 있을 수 있지만 요요 현상이 나타나 치료 기간을 늘어나게 한다. 따라서 식이 요법은 물론 운동을 통해 신체 활동량을 늘려줘서 신진 대사를 활성화시키고 에너지 소비량을 증가시켜 소아 비만을 치료해야 한다.

그러나 소아 비만아들은 체중 증가로 하체가 많이 약해져 있다. 따라서 갑작스러운 운동은 몸에 무리를 줄 뿐만 아니라 그 동안 활동량이 전혀 없던 아이들에게는 고통으로 다가올 수 있다. 이런 특성 때문에 운동을 시작할 때는 아이들이 좋아

214

하는 운동을 중점적으로 가르치거나 단기간에 효과를 볼 수 있는 운동을 하게 한다.

　병원을 찾는 아이들의 운동량 체크표를 살펴보면 체중 감량을 위해 아무런 준비도 없이 하루에 30분 이상 달리기, 줄넘기 등을 시도하는 경우가 많다. 하지만 이럴 경우 무릎, 발목 등의 관절에 무리가 올 수 있고 약한 하체가 체중을 감당하지 못해 몸에 피로가 쌓이기 쉽다. 따라서 격한 운동은 피하고 빨리 걷기, 가벼운 조깅, 자전거 타기, 수영, 리듬 체조 등 관절에 무리가 가지 않는 운동을 하루 30분 이상씩 꾸준히 하는 것이 좋다.

| 수영 |

대표적인 유산소 운동인 수영은 체지방을 줄여서 체중 감량을 성공적으로 이끄는 운동이다. 특히 하체가 약한 소아 비만아들은 육상 운동으로 뼈나 관절에 부담을 주기 쉬운데, 물에서 하는 수영은 이런 단점을 보완해 주기 때문에 소아 비만아들에게 가장 적합한 운동이라고 할 수 있다. 또 수영은 물놀이처럼 쉽게 접근할 수 있어서 평상시 운동량이 전혀 없던 아이들이 배우기에도 좋다. 그리고 체중을 감량하는 데 도움이 되는 것은 자유형, 평영보다는 물 속에서 자유롭게 몸을 움직일 수 있는 자유 물놀이다.

| 에어로빅 |

에어로빅은 한 시간 정도 몸을 꾸준히 움직일 수 있는 운동으로 효과적인 유산소

운동이다. 에어로빅을 통해 몸 안으로 들어온 산소는 지방을 분해해서 에너지로 바꾸는 작용을 한다. 또 심폐 기능이 향상되고 소아 비만아들의 단점인 지구력을 상승시키는 효과가 있어 소아 비만아들에게 권장하고 싶은 운동이다. 소아 비만 해소를 위해서는 30분 이상 지속해서 에어로빅을 하는 것이 좋다.

| 축구 |

축구는 게임을 하는 동안 몸을 계속 움직여야 하며 오래 달리기를 하는 것처럼 장시간 뛰어야 하기 때문에 소아 비만 치료에 효과적이다. 특히 월드컵 이후 아이들에게 가장 인기 있는 스포츠 종목이 되어서 운동을 싫어하는 아이들이 시작하기 좋다. 소아 비만 치료를 위해 축구를 할 때는 팀원이 너무 많지 않아서 아이가 골을 넣을 수 있는 기회를 만들어준다. 그래야 아이들이 축구에 재미를 쉽게 붙일 수 있고 골을 넣는 재미에 시간 가는 줄 모르고 운동을 하기 때문이다. 또 축구 경기 라인을 규정 범위보다 작게 만들어서 아이들이 쉽게 지치지 않도록 한다.

| 달리기 |

달리기는 지방을 연소시키는 데 효과 만점인 운동이다. 달리기를 할 때에는 100m 달리기처럼 순간적인 힘으로 달리는 것이 아니라, 같은 속도를 끝까지 유지할 수 있도록 천천히 달리는데 이는 지방이 에너지로 연소될 수 있게 해준다. 달리기를 시작하기 전에 근육과 관절 등을 맨손 체조로 풀고 가볍게 걸어주는 등의 준비 운동을 함으로써 달리기를 할 때 받을 수 있는 몸의 부담을 덜어준다. 달릴 때의 자세는 등은 곧게 펴고 걸을 때보다 상체를 약간 앞으로 숙이는 것이 좋다. 보폭은 걸을 때보다 좁게 하며 팔은 많이 가볍게 흔들어 온몸의 근육이 사용될 수 있도록 한다.

| 자전거 타기 |

소아 비만인 아이들은 무릎이나 허리 관절에 통증을 느끼는 경우가 많은데 자전거를 이용하면 운동하는 동안 체중의 부담을 덜 받을 수 있다. 특히 자전거는 실내에서도 할 수 있는 운동으로 밖에 나가기 싫어하는 소아 비만아들에게 더없이 좋은 운동이다. 자전거를 탈 때 주의할 점은 적당한 속도를 유지하는 것이다. 높은 강도로 짧은 시간에 자전거를 타게 되면 지방질이 에너지원으로 사용되지 않아서 체지방 감소 효과가 없다. 1주일에 3회 이상 실시하는 것이 좋고 1회에 30분 이상 타도록 한다.

| 운동에 따른 칼로리 소모량 |

10분 동안 지속했을 때의 칼로리 소모량(Kcal)

운동 종류	칼로리 소모량	운동 종류	칼로리 소모량
배드민턴	43	전력 질주	164
야구	39	자전거	42
농구	58	스트레칭	21
볼링	56	요가	21
적절한 댄싱	35	팔굽혀펴기	35
격렬한 댄싱	48	수영(자유형)	145
축구	69	접영	184
골프	33	조깅	79
탁구	32	윗몸일으키기	72
스키	80	줄넘기	75
스쿼시	75	발리볼	40
테니스	56	승마	50
배구	43	등산	185

운동할 때
이것만은 주의하세요

점차적으로 운동 시간을 늘려나간다.

운동은커녕 움직임도 많이 없던 아이들이 갑작스럽게 무리하게 운동을 하면 오히려 역효과가 생길 수 있다. 운동을 더욱 싫어하게 되거나 무리하게 운동을 해서 공복감이 더해져 평상시 먹던 양보다 더 많이 먹게 된다. 따라서 처음부터 무리하게 운동을 하지 않고 첫날은 10분, 둘쨋날은 20분, 세쨋날은 30분 정도로 천천히 운동의 양을 늘려나가는 것이 좋다. 또 움직임의 동작 역시 무리한 동작을 처음부터 취하지 않고 몸을 풀어주는 동작부터 시작해서 천천히 동작이 어려운 것으로 옮겨가는 것이 바람직하다.

1회 운동 시간을 20분 이상으로 한다.

운동을 시작하면 어떤 종목이든 20분 이상 시도하는 것이 좋다. 운동을 시작하면 처음에는 근육 속에 저장되어 있거나 혈액에 포함된 당질을 이용해 에너지를 만든다. 그러나 20분 정도 지나면 지방이 주에너지원으로 바뀌어 소모되기 때문이다. 따라서 1회에 20~30분 정도 운동을 하는 것이 소아 비만 치료에 효과적이다.

규칙적으로 꾸준히 운동한다.

운동은 얼마나 해야 하는지, 일주일에 몇 번 해야 효과적인지는 아이들 각자의 건강과 체력 수준에 달려 있다. 일반적으로 일주일에 3회 정도는 운동을 해야만 심폐 지구력 등 기초 체력을 향상시킬 수 있으며 아이들이 운동에 적응할 수 있다.

아이들에게 있어서 규칙적으로 꾸준히 운동한다는 것은 운동의 흐름을 끊어지지 않게 하고 운동의 효과를 극대화시킨다는 의미에서 반드시 필요한 요소다.

준비 운동과 정리 운동은 필수 조건.

준비 운동은 점차적으로 혈액을 원활하게 순환시키면서 운동시 혈액의 양을 필요한 근육에 알맞게 운반해 준다. 준비 운동을 하지 않고 본 운동을 하면 갑작스러운 신체 변화에 완충 작용을 못하기 때문에 탈이 나기 쉽다.

정리 운동은 본 운동 후에 하는 운동으로, 점차적으로 운동의 강도를 줄이고 심박수를 안정 상태로 돌아가게 한다. 갑작스럽게 운동을 멈추면 준비 운동과 마찬가지로 몸에 무리를 주게 된다. 정리 운동을 하면 이런 일들을 사전에 막을 수 있다.

스트레칭을 할 때 본 운동에서 많이 쓰일 근육을 선택하여 늘려주는 것이 가장 바람직하다.

처음 시작하는 아이들을 위한
어린이 체조 12가지

1

| 손목 돌리기 _ 10회 |

1 등을 펴고 바로 서서 자연스럽게 팔을
   가슴 앞으로 놓는다.
2 주먹을 쥐고 손목을 안에서 밖으로
   원을 그리며 돌린다.

2

| 손가락 운동 _ 10회 |

1 등을 펴고 바로 서서 팔을 어깨 높이로 들어
   앞으로 쫙 편다.
2 손가락을 되도록 커다랗게 펴서 엄지손가락부터
   하나씩 접었다 폈다 하는 동작을 반복한다.

3

| 목 운동 _ 5회 |

1 등을 펴고 바로 선다.

2 허리에 손을 올린 뒤 목을 오른쪽으로 천천히 돌린 뒤 왼쪽으로 크게 돌린다.

4

| 발목 운동 _ 5회 |

1 등을 펴고 바로 서서 팔은 편안히 늘어뜨린다.

2 한쪽 발의 발가락 끝을 바닥에 붙이고 발목은 원을 그리며 돌린다.

5

| 팔 들어 올리기 _ 5회 |

1 바로 선 자세에서 양팔을 어깨 넓이로 벌린다.

2 팔을 자연스럽게 내린 상태에서 주먹은
  가볍게 쥔다.

3 주먹 쥔 팔을 힘껏 들어올려 귀에 붙인다.

4 뒤꿈치를 들어 하늘 높이 기지개를 켠다.

6

| 무릎 굽혀 앉기 _ 5회 |

1 다리를 바로 펴고 서서 두 손을 무릎에 댄다.

2 상체를 바로 편 상태에서 무릎을 굽혔다
  다시 편다.

7

| 허벅지 누르기 _ 5회 |

1 허리를 펴고 바로 선 자세에서 두 다리를
  어깨 넓이보다 2배 넓게 벌린다.

2 등은 가능한 똑바로 펴고 다리를 좌우로
  크게 벌리면서 천천히 앉는다.

3 무릎과 종아리가 90도가 되게 다리를 구부려
  앉은 자세에서 5초 동안 정지한다.

8

| 상체 눕히기 _ 5회 |

1 다리를 어깨 넓이로 벌리고 서서
  팔을 허리에 얹는다.

2 고개를 뒤로 젖혀서 상체를 뒤로 눕힌다.

9

| 몸 굽히기 _ 10회 |

1 다리를 어깨 넓이보다 2배 넓게 벌리고 선다.

2 팔을 아래로 죽 뻗으면서 허리를 천천히 굽힌다.
   이때 손가락 끝이 바닥에 닿게 한다.

10

| 허리 비틀기 _ 5회 |

1 다리를 어깨 넓이로 벌리고 서서 팔을 죽 뻗어
   앞으로 들어올린다.

2 팔을 천천히 오른쪽으로 비틀면서 상체를
   오른쪽으로 비꼰다. 이때 발이 움직이지
   않도록 주의한다. 왼쪽도 반복.

11

| 다리 들고 서 있기 _3회 |

1 다리를 모으고 바로 선다.

2 오른쪽 발을 뒤로 들어서 오른쪽 손으로
　발끝을 잡는다.

3 발끝을 잡은 채로 5초 동안 자세를 정지한다.
　왼쪽도 반복.

12

| 다리 교차하기 _ 5회 |

1 천장을 바라보고 바로 눕는다.

2 두 팔을 양옆으로 벌린 뒤 오른쪽 다리를
　수직이 되도록 올린 후 허리를 비틀어
　왼쪽으로 돌린다. 양쪽 반복.

본격적인
다이어트 체조 12가지

1

| 상체 일으키기 _ 5회 |

1 천장을 보고 똑바로 누워서 손을 머리 뒤로
  놓고 깍지를 낀다.
2 다리가 굽혀지지 않게 천천히 상체를 일으켜
  몸이 직각이 되게 만든다.

2

| 다리 들어올리기 _ 5회 |

1 바로 누운 상태에서 손과 발을 쭉 뻗는다.
2 다리를 모은 뒤 상체와 함께 들어올린다.
  이때 손이 무릎에 닿게 한다.

3

| 팔굽혀펴기 _ 10회 |

1 엎드린 상태에서 팔을 어깨보다 약간 넓게 벌린 후 바닥을 짚어서 상체를 지탱할 수 있도록 한다.

2 팔꿈치를 깊게 굽혀서 엎드린다.

4

| 상체 굽히기 _ 5회 |

1 다리를 어깨 넓이보다 넓게 벌리고 선다.

2 등을 곧게 펴서 허리를 내린다. 이때 두 팔이 오른쪽 발에 닿도록 한다. 왼쪽도 반복.

5

| 다리 눕혀 허리 비틀기 _ 5회 |

6

| 옆구리 늘리기 _ 5회 |

1 바닥에 반듯이 누워서 양팔을 옆으로 벌린다.

2 다리는 모은 뒤 바닥과 90도가 되도록 들어올린다.

3 모은 두 다리를 왼쪽으로 눕히는데 이때 허리를
　비틀고 상체는 천장을 바라보는 자세를 잃지 않는다.

1 바닥에 허리를 세우고 똑바로 앉은 뒤 다리를
　쭉 펴서 양쪽으로 벌린다.

2 오른쪽 팔을 머리 위로 뻗어올리고 왼손은
　오른쪽 옆구리를 감싸듯 가볍게 돌린다.

3 상체는 왼쪽 다리를 향해 천천히 옆으로
　굽혀 오른쪽 옆구리가 최대한 펴지게 한다.
　오른쪽도 반복.

7

| 자전거 타기 _ 10회 |

1 바닥에 반듯이 누운 후 양손을 허리에
   받치고 다리를 들어올린다.

2 들어올린 다리를 자전거 타듯이 오른쪽
   왼쪽 번갈아가면서 돌린다.

8

| 다리 올리기 _ 10회 |

1 의자를 몸 옆에 놓고 한쪽 손으로 의자를
   잡고 바로 선다.

2 의자 반대쪽 다리를 90도 각도로 앞으로
   한 번 들어 올린 뒤 옆으로 한 번
   들어올린다.

9
| 등 굽히기 _ 5회 |

1 바닥에 엎드린 자세에서 양손을 뒤로 쭉 뻗는다.

2 발을 위로 들어올려 양손으로 발을 잡는다.
  이때 머리도 최대한 위로 들어올린다.
  5초간 자세를 유지한다.

10
| 다리 들어올려 뻗기 _ 3회 |

1 앉은 자세에서 다리를 쭉 편 뒤 몸을 V자로
  만든다고 생각한 뒤 상체와 하체를
  45도 정도 올린다.

2 한쪽 다리는 그대로, 다른쪽 다리는 90도
  정도로 무릎을 굽히고 양손을 무릎 굽힌
  다리의 허벅지 밑에서 마주잡는다.
  이 자세를 10초간 유지한다.

11

| 팔 뻗고 일어서기 _ 5회 |

1 바닥에 반듯이 누워 다리를 어깨 넓이 정도로
  벌리고 무릎을 굽혀 세운다.
2 양팔을 앞으로 쭉 뻗은 뒤 고개를 들어올린다.
  이때 배에 힘을 주어 상체를 무릎 쪽으로
  들어올린다.

12

| 허리 돌리기 _ 5회 |

1 바닥에 다리를 쭉 펴고 편안하게 앉는다.
2 등은 바로 편 채 손을 앞으로 쭉 뻗어
  수건의 양쪽 끝을 잡는다.
3 팔과 허리가 굽혀지지 않게 천천히
  몸을 오른쪽 왼쪽으로 움직인다.

엄마와 함께하는 체조

1

| 밀어내기 _ 10회 |

1 엄마와 아이가 마주 보고 선다.
2 손바닥을 펴서 엄마와 아이의 두 손을 맞댄 후
   서로 밀친다.

2

| 다리 넘기 _ 10회 |

1 엄마는 다리를 쭉 펴고 앉는다. 이때 다리
   사이를 살짝 벌린다.
2 아이는 엄마의 다리를 사다리처럼 뛰어넘는다.
   좌우 반복.

3

| 팔 잡아 당기기 _ 5회 |

1 엄마와 아이가 마주 보고 서서 손을 맞잡는다.

2 엄마가 오른쪽 팔을 잡아당기면 아이는 왼쪽
손을 잡아당긴다. 좌우 반복.

4

| 쭉쭉이 _ 5회 |

1 아이가 엄마를 등지고 선다.

2 아이가 손을 힘껏 하늘로 뻗으면 엄마가
아이의 두 손을 잡고 쭉쭉 늘려준다.

234

5

| 등 밀기 _ 10회 |

1 엄마와 아이가 등을 마주대고 선다.

2 등을 부딪힌 뒤 천천히 밀어낸다.

6

| 가위바위보 _ 10회 |

1 발을 이용하여 가위바위보를 한다.

2 가위는 발을 앞뒤로 벌리고, 바위는 발을
모으고, 보는 발을 좌우로 벌린다.

1

| 목 돌리기 _ 10회 |

1 가슴을 쫙 펴고 바르게 선다.
2 양손은 허리에 두고 목을 오른쪽에서
  왼쪽으로, 왼쪽에서 오른쪽으로 돌려준다.

2

| 어깨 늘리기 _ 5회 |

1 양손을 어깨 위에 올리고 앞에서 뒤로 돌리고
  뒤에서 앞으로 돌려준다.
2 오른팔을 구부리지 않고 왼쪽 방향으로 쭉 편다.
  왼손으로 오른 팔꿈치를 잡고 왼쪽 방향으로
  당긴다. 반대로도 한다.

3

| 등 펴기 _ 5회 |

1 허리를 펴고 바로 선 자세에서 양손을 깍지 낀다.

2 깍지 낀 손은 앞으로 쭉 뻗고, 등은 뒤로 힘을 준다.
이때 엉덩이가 같이 뒤로 빠지면 안 된다.

4

| 가슴과 등 굽히기 _ 5회 |

1 다리는 편하게 벌리고
엉덩이 뒤로 양손을 깍지 낀다.

2 허리를 구부리면서 깍지 낀 손을 위로 올린다.

5

| 허리 돌리기 _ 5회 |

1 다리는 편하게 벌리고 양손을 허리에 두고
  원을 크게 돌린다.
2 오른쪽에서 왼쪽으로, 왼쪽에서 오른쪽으로
  원을 돌리는 동작을 반복한다.

6

| 다리 교차하기 _ 5회 |

1 편하게 눕고, 양손을 옆으로 쭉 편다.
2 오른쪽 다리를 들어 왼쪽으로 최대한 보내고
  시선은 오른쪽을 향한다. 이때 어깨가 땅에서
  떨어지면 안 된다. 반대도 같은 방법으로 한다.

7

| 허리 늘려주기 _ 5회 |

1 땅에 손바닥과 무릎을 대고 엎드린다.

2 등을 위쪽으로 둥글게 말아올린다.
   다시 쭉 폈다가 동작을 반복한다.

8

| 엎드려 가슴 들기 _ 3회 |

1 완전히 엎드린 상태에서 양손을 가슴 옆에 둔다.

2 배는 바닥에 닿게 그대로 두고 가슴을
   들어올린다. 시선은 천장을 본다.

9

| 허벅지 펴기 _ 3회 |

1 양발을 모으고 선다. 허리를 구부려 양손이
  바닥에 닿게 한다.

2 바닥에 앉아서 양발을 앞으로 쭉 편다.
  가슴이 무릎에 닿게 숙인다.

3 양발을 최대한 양옆으로 벌린다. 양손을 앞쪽으로
  쭉 뻗고 가슴이 최대한 땅에 닿게 한다.

10

| 허벅지 늘려주기 _ 5회 |

1 바르게 선 자세에서 왼팔을 옆으로 벌려서
  균형을 잡고, 오른쪽 다리를 뒤로 들어
  오른손으로 발끝을 잡는다.

2 무릎은 아래로 힘을 주고 발목을 잡은 손을
  위로 당긴다. 반대로도 한다.

11

| 종아리 당기기 _ 5회 |

1　허리를 앞으로 약간 숙이고 오른쪽 발 뒤꿈치를
　　앞으로 살짝 내밀고 땅에 댄다.

2　발 앞꿈치를 몸 쪽으로 최대한 당긴다. 종아리가
　　당기는 느낌이 날 때까지 당긴다.

부위별 어린이
다이어트 체조 12가지

복부 ●

| 복부 1 _ 5회 | | 복부 2 _ 5회 |

1 누운 상태에서 무릎을 세우고 양손을 머리
   뒤에 받친다.

2 윗몸일으키기처럼 완전히 올라오지 말고 시선은
   계속 천장을 바라보고 허리가 떨어지지 않는
   범위에서 어깨를 최대한 위로 올린다.

1 천장을 보고 편하게 누운 후 양손을 엉덩이
   아래에 받친다.

2 다리를 쭉 뻗은 후, 오른쪽 다리와 왼쪽 다리가
   교차될 수 있게 올렸다 내린다.

| 복부 3 _ 5회 | | 복부 4 _ 5회 |

복부 3 _ 5회

1 누운 자세에서 양팔을 옆으로 벌리고 무릎을 세운다.

2 오른쪽 발을 왼쪽 무릎 위에 올리고 왼팔을 머리 뒤에 받친다.

3 왼쪽 팔꿈치가 오른쪽 무릎에 최대한 닿게 한다. 반대도 같은 방법으로 한다.

복부 4 _ 5회

1 천장을 보고 똑바로 눕는다. 다리를 모으고 팔은 허리 옆에 두어 손바닥을 바닥에 붙인다.

2 모은 두 다리를 천천히 올려서 엉덩이가 들어 올려지면 자세를 5초 동안 정지한다.

3 엉덩이를 올릴 때 배에 힘을 준다.

다리 ●

| 다리 1 _ 5회 |

1 오른발을 앞으로 내밀면서 그대로 아래로 구부
린다. 이때 앞에 있는 오른발과 뒤에 있는 왼발
은 90도가 되어야 한다.
2 무릎이 땅에 거의 닿을 때까지 구부린다. 오른
발 왼발 번갈아 가면서 연속으로 움직인다.

| 다리 2 _ 10회 |

1 허리를 펴고 의자에 바로 앉는다. 시선은 정면
을 향한다.
2 다리를 모아서 아래위로 천천히 움직인다. 이
때 다리가 바닥에 닿지 않게 주의한다. 모은 다
리 위에 무게가 나가는 물건을 올려놓아도 효
과적이다.

엉덩이 ●

| 엉덩이 1 _ 10회 |

| 엉덩이 2 _ 5회 |

1 손바닥과 무릎만 바닥에 대고 엎드린다.

2 오른쪽 다리를 들어 위로 쭉 차올린 뒤 다시 평
  행선이 되도록 내린다. 왼쪽도 반복한다.

1 엎드려 누운 뒤 다리와 팔을 쭉 편다.

2 고개와 팔, 다리를 동시에 하늘로 쭉 펴올린다.
  이 자세를 3초간 유지한다.

허리 ●●●●●●●●●●

| 허리 _ 10회 |

1 배를 바닥에 대고 완전히 엎드린 후, 양손을
   허리 뒤에 놓는다.
2 상체를 최대한 위로 들어올렸다 내리는
   동작을 반복한다.

종아리 ●●●●●●●●●●

| 종아리 _ 10회 |

1 다리를 쭉 펴고 바로 앉는다. 이때 허리를
   벽에 기대어 앉아도 좋다.
2 발끝을 쭉 펴고 발목을 앞으로 최대한 젖혔다가
   다시 수평으로 펴는 동작을 반복한다.

팔

| 팔 1 _ 10회 |

1 바로 서서 아령이나 생수통 등 가벼운 무게의
  물건을 양손에 들고 팔꿈치를 몸 쪽으로 붙인다.
2 팔꿈치를 접어서 손을 위로 올렸다가 내린다.

| 팔 2 _ 10회 |

1 아령 등 가벼운 물건을 양손으로 잡고
  머리 위로 올린다.
2 머리 뒤로 팔꿈치를 내렸다가 올린다. 이때,
  양팔이 귀 옆에서 벌어지지 않도록 주의한다.

얼굴이 작아지는 마사지

얼굴에 살이 찌면 몸에 살이 많이 쪄 보이는 시각적 효과가 있다. 따라서 소아 비만을 치료하는 체조와 함께 이중턱을 없앨 수 있는 마사지를 함께하면 날씬해 보이는 효과가 두 배로 늘어난다.

1. '아·이·우·에·오'를 입을 최대한 벌려서 천천히 소리낸다.
2. 손가락 끝을 이용하여 얼굴을 가볍게 두들기듯 마사지한다.
3. 턱 끝과 귀 밑의 중간 지점을 검지 손가락으로 가볍게 눌러준다.
4. 손바닥을 얼굴에 대고 천천히 원을 그리며 돌려준다.
5. 양쪽 콧망울을 검지손가락으로 눌러서 원을 그리듯 돌려준다.
6. 손가락을 이마에 대고 양옆으로 비벼준다.
7. 눈을 감은 뒤 검지와 중지를 모아서 눈 주위의 뼈를 천천히 눌러준다.

아이들이 재미있어 하는 다이어트 놀이

| 피구 놀이 |

아이들을 최소한 여섯 명 이상 모은다. 인원을 세 명씩, 두 팀으로 나누고 원을 그린다. 두 팀을 원 안에 들어가 있는 팀, 원 밖에 있는 팀으로 정한다. 원 밖에 있는 아이들이 원 안으로 공을 던져서 원 안의 아이들을 맞추고 원 안의 아이들은 공을 피하며 논다.

| 림보 놀이 |

양쪽에서 두 사람이 줄을 잡고 선다. 아이가 줄 밑으로 다리를 굽히지 않고 허리를 뒤로 젖혀서 하늘을 보고 통과하도록 한다. 처음에는 가슴 높이로 시작하여 허리, 엉덩이 높이로 점차 낮춰간다.

| 두 발 폈다 오므리기 |

양쪽으로 두 명의 아이들이 양손에 줄을 잡고 벌리고, 한 아이는 줄 안에 선다. 그리고 양쪽의 아이들이 줄을 모았다가 벌리는 동작을 반복할 때마다 서 있는 아이는 껑충껑충 뛰면서 다리를 벌렸다가 모으기를 한다. 난이도를 높이기 위해서 속도를 빨리 할 수도 있고 높이를 좀 더 올릴 수도 있다.

| 수레 만들기 |

손으로 바닥을 짚고 엎드린다. 뒤에서 다른 사람이 다리를 잡아준다. 그리고 아이가 팔 힘으로 앞으로 갈 수 있도록 뒤에서 다리를 잡아준 사람이 도와준다.

| 볼링 놀이 |

음료수 병이나 물을 채운 패트병을 세워놓고 공을 굴려 쓰러뜨리는 놀이다. 공을 굴리는 거리를 조절해서 난이도를 조절한다.

| 멀리 뛰기 |

술래를 한 명 정한다. 선을 긋고 술래는 선 밖에, 술래가 아닌 아이들은 선 안으로 뛴다. 처음에는 술래가 아닌 아이들만 선 안으로 한 발짝 뛴다. 술래인 아이는 선 밖에서 손을 뻗어 선 안에 있는 아이를 잡는다.

| 공 따라 몸 이동하기 |

아이가 다리를 펴고 손은 엉덩이 양옆에 놓고 앉는다. 공을 발끝에 놓고 다리를 들어 배 쪽으로 이동시킨다. 들고 있는 발을 내려서 다시 발끝으로 가게 한 다음 다시 반복한다.

행동 교정으로
비만을 치료하세요

일상 생활의
활동량 늘리기

버튼 하나면 무엇이든 할 수 있는 세상이다. 오래 걷지 않아도 먼 거리를 이동할 수 있고 높은 곳을 오르내릴 수 있다. 그러나 겉보기엔 인간 생활을 편안하게 해주는 이런 문명이 우리 아이들의 건강을 해치고 있다. 생활이 편리해지는 만큼 칼로리 소모를 돕는 운동이나 신체 활동이 줄어서 비만에 걸리게 될 확률이 점점 높아지고 있기 때문이다. 이것은 시골과 도시 생활을 비교하면 보다 확실히 알 수 있는데, 통계에 의하면 시골 아이들이 도시 아이들보다 비만에 걸릴 확률이 낮다. 살찌는 것도 시골과 도시가 차이를 보일까, 하며 웃을지 모르지만 비만도에서 가장 많은 차이를 보이는 것은 시골과 도시 간의 격차다. 바로 두 곳의 생활 환경이 전혀 다르기 때문이다.

도시가 소아 비만을 만들어내는 환경으로 조성된 것은 다음과 같은 뚜렷한 원인에 의해서다. 우선 생활이 편리해졌다. 요즘 생기는 아파트를 보면 한 건물에 슈퍼마켓, 목욕탕은 물론 아이들이 뛰어놀 수 있는 실내 놀이터까지 만들어져 있다. 그러다 보니 건물을 벗어나지 않아도 생활이 가능해졌다. 또 다른 층으로 이동할 때도 계단을 이용하지 않고 엘리베이터를 타고 이동하다 보니 몇 발자국 걷지 않고도 원하는 활동을 할 수 있게 되었다. 뿐만 아니라 집안일을 돕더라도 청소가 한 번에 이뤄지는 청소기로 인해 힘들이지 않고도 방 청소를 해낼 수 있게 되었다. 그리고 실내 놀이가 발달되어 놀이터에 가지 않아도 집 안에서 재미있게 놀 수 있다. 특히 인터넷으로 집 안에서 하루 종일 오락을 하는 아이들이 늘었다. 학교에서 인터넷 오락을 모르면 '왕따'를 당할 정도다. 병원에 비만 치료를 받으러 오는 아이들을 봐도 또래끼리 모이면 오락 이야기로 금세 친해지는 것을 볼 수 있다. 그리고 서구화된 식생활에 의해 비만율이 높아지고 있다. 아이들은 청국장, 된장국 등 우리 음식보다는 햄버거, 피자 등이 입에 맞아서 매일같이 찾는다. 하지만 우리 나라에 들어온 서양 음식은 패스트푸드가 주류를 이루고 있다. 따라서 아이들은 영양은 없고 칼로리만 높은 패스트푸드 때문에 비만이 될 확률이 높다.

따라서 일상 생활의 활동량만 늘려도 칼로리 소모를 높여 소아 비만 치료에 효과를 줄 수 있다. 특히 일상 생활의 움직임을 통한 활동량 증가는 운동을 거부하거나 몸이 무거워 민첩함이나 지구력이 부족한 소아 비만 아이들에게 효과적이다.

서두르지 말고
천천히 생활을 바꾸자

무엇이든 변하는 것은 힘든 일이다. 도시적 생활이 아이 건강에 좋지 않다는 것을 알지만 편리한 문명 생활에 익숙한 아이에게 갑자기 다른 생활 환경을 요구하는 것은 어려운 일이다. 성인들도 음식을 절제하고 운동 등 활동을 많이 하는 다이어트에 성공하기가 힘든데, 아이들에게 단시간에 생활을 바꾸라고 강요하는 것은 무리다. 따라서 우선 엄마의 욕심을 버리고 소아 비만을 예방하고 치료하는 환경을 만들기 위해 다음의 몇 가지 사항을 지켜야 한다.

첫째, 하루에 한 가지씩 변화시킨다.

아이들은 성인처럼 자신의 생활을 절제하거나 스케줄대로 움직이는 것에 미숙하다. 아이들은 눈에 보이는 것에 약하며 굉장히 즉흥적이다. 따라서 엄마의 시선이 없는 곳에서는 약속한 대로 이행하지 않을 경우가 많다. 또 갑자기 먹고 싶은 것을 먹지 못하거나 하기 싫은 운동을 하라고 하면 스트레스를 받거나 짜증을 낼 수 있다. 따라서 하루에 한두 가지씩 바꿔나간다. 단, 전날에 아이가 숙지한 생활 습관은 반복할 수 있게 한다.

둘째. 아이 혼자 변화시키지 않는다.

생활 환경은 말 그대로 아이 혼자의 생활 습관을 만드는 것이 아니라 아이가 살고 있는 주변 환경을 말한다. 따라서 아이가 자연스럽게 적응할 수 있도록 주변 사람들 모두 생활 습관을 바꾸어야 한다. 예를 들어 온 가족 모두가 엘리베이터를 타지 않고 계단으로 오르내리거나 가까운 거리는 걸어 다닌다. 또 아침 일찍 일어나거나 매일 10분씩 체조를 할 때도 아이 혼자 하게 내버려두지 말자. 엄마 아빠 또는 집안 식구들이 동참하여 아이가 자연스럽게 분위기에 익숙해지도록 하는 것이 가장 좋은 방법이다. 그리고 친구들에 비해 절제를 많이 해야 하는 비만아라면 비만 캠프 등 비슷한 상황에 놓인 친구들과 함께할 수 있는 시간을 주어 자연스럽게 생활 습관을 몸에 익히게 한다.

셋째. 아이를 무작정 야단치지 않는다.

생활을 바꾸는 것만큼 힘든 게 없다. 그래서인지 '작심삼일'로 그치는 경우를 많이 본다. 이럴 때 엄마들은 무조건 아이를 야단치고 눈물을 쏙 빼게 한 뒤 다시 생활 계획표대로 실천하게 하는데 이런 방법은 아이가 스트레스를 받게 하여 오히려 체중이 늘어나는 결과를 낳을 수 있다. 따라서 작심삼일이 되더라도 무작정 야단치기보다 작심삼일도 여러 번 모이면 한 달이 될 수 있다며, 아이를 격려해 주도록 한다.

비만에 도움이 되는 행동 수정 요법

비만을 예방하고 치료하는 데 규칙적인 생활만큼 좋은 방법은 없다. 아침, 점심, 저녁 식사 시간, 취침 시간, 기상 시간, 체조 시간, 간식 시간 등 날씬해지는 생활 습관을 시간대별로 맞추어 계획대로 지키면 살이 빠지는 것은 시간 문제다.

날씬해지는 생활 계획표를 만들려면 먼저 아이의 상황을 고려해야 한다. 우선 아이가 매일 일정한 시간에 해야 하는 일을 먼저 적는다. 학교나 어린이집에 가는 시간, 가까운 친척집을 방문하는 횟수, 과외 학원 시간 등을 미리 계획으로 적어넣은 뒤 나머지 시간들을 활용할 수 있게 한다. 그리고 아이가 움직이는 것을 좋아하거나 운동을 많이 해왔는지 엄마 기준에서 점수를 매겨 운동 시간을 책정한다. 많이 움직일수록 좋다고 해서 아이에게 갑자기 무리한 운동 계획을 잡는다면 아이는 단시간에 지쳐서 더 이상 움직이기를 거부할 수 있기 때문이다. 운동을 싫어하는 아이라면 걷기, 집안일 등을 통해 천천히 움직일 수 있게 도와주도록 하자. 마지막으로 아이의 친구 관계를 고려한다. 하교 후에도 친구들과 생활을 많이 하는 편이라면 생활 계획표는 무의미하게 된다. 따라서 친구들과 생활하는 시간 계획은 좀 더 자유롭게 두고 아이가 친구들과 헤어지는 시간에 맞춰서 적당한 계획을 짜는 것이 좋다.

또 소아 비만을 예방하고 치료하는 생활 계획표는 행동 변화 과정이 필요한 〈행동 수정 요법〉과 함께 병행되어야 한다. 〈행동 수정 요법〉은 비만을 유발하는 식·운동 습관, 정서 상태를 찾아, 그것을 교정하고 좋은 습관을 강화함으로써 전반적인 생활 양식의 행동 변화를 유도하려는 접근법이다. 쉽게 말하면 아이들이 소아 비만이 될 수 있는 자극들을 수정하는 것이다. 예를 들어 아이가 좋아하는 초콜릿이나 인스턴트 식품이 눈에 띄이지 않게 엄마가 신경을 쓴다. 그렇게 되면 아이는 초콜릿이나 인스턴트 식품에 대한 관심을 어느 정도 지워버릴 수 있게 되는데 이런 것이 행동 수정 요법이다. 재미있는 것은 이런 행동 수정 요법이 부모나 치료자에 의해 결정되는 것보다 또래들과 함께할 때 집단적으로 변화될 확률이 높다는 것이다. 이런 결과로 인해 필자의 병원에서는 〈비만 캠프〉, 〈건강 사관 학교〉 등의 프로그램을 만들어 아이들이 또래들과 함께 비만 치료를 좀 더 쉽게 이룰 수 있는 기회를 제공한다.

행동 수정 요법은 크게 자극 조절, 자기 통제, 자기 감시, 강화(보상) 등으로 구성된다.

| 자극 조절 |

소아 비만의 주요 원인은 과식이라 해도 과언이 아니다. 자극 조절은 아이들이 과식할 수 있는 음식 자극을 조절해서 비만을 예방할 수 있는 생활 계획을 제대로 지켜나가게 하는 행동 수정 요법이다. 가장 기본적인 음식 자극 조절은 식품은 냉장

고, 선반 등 정해진 장소에 보관하고 내용물을 보관할 때 열기 어려운 용기 등에 담아서 아이들이 손쉽게 음식을 심심풀이로 먹는 것을 예방한다. 또 인스턴트, 냉동 식품 등을 절대 구입하지 않으며, 반찬은 큰 접시에 담지 않고 개인 접시에 먹을 분량만큼만 담는다.

그리고 소아 비만에 걸린 아이는 음식을 먹는 시간 외에는 음식을 먹지 않게 한다. 텔레비전을 보면서 과자를 먹는다거나 책을 보면서 간식을 먹는 행동을 삼가하게 한다.

✚ 소아 비만아의 자극 조절

- 텔레비전 시청 시간을 줄인다. 1~2시간 정도가 적당하다.
- 아침은 꼬박꼬박 챙겨 먹는다.
- 방과 후 군것질은 금지시킨다.
- 방과 후에는 친구들과 축구, 농구 등을 1시간 정도 하면서 마음껏 놀게 한다.
- 컴퓨터는 하루 1시간 정도만 사용하게 한다.
- 일찍 자고 일찍 일어나는 습관을 들이게 한다. 보통 9시 30분에 잠들어서 다음날 아침 7시에 일어나는 것이 가장 좋다.
- 습관적으로 먹지 않는다.
- 음식은 오로지 주방에만 두고 방 안에 놓지 않게 한다.
- 신선한 과일이나 야채만 먹는다.
- 식사는 식탁에서만 하게 한다.

| 자기 통제 |

자기 통제란 부모나 병원의 치료자가 아이의 행동을 조율하는 것이 아니라 아이 스스로 통제할 수 있도록 하는 것을 말한다. 성인과 달리 아이들에게 자기 통제가 제대로 일어나게 하기 위해서는 처벌과 보상이 적절하게 이루어져야 한다. 그리고 아이에게 소아 비만 정보를 제공하여 아이가 자발적으로 자기 통제를 할 수 있도록 도와주어야 한다. 그리고 자기 통제로 인한 결과가 바람직하여 스스로 긍정적인 영향을 받아 행동을 강화할 수 있는 계기가 만들어져야 한다.

따라서 아이에게 소아 비만에 대한 자세한 정보를 알려준다. 소아 비만으로 건강이 어떻게 나빠질 수 있으며 성인이 되어도 벗어나기 어려운 악영향에 대해 교육한다. 그리고 아이가 소아 비만을 치료할 수 있는 식이 요법, 운동 요법 등을 교육한다. 아이가 치료 방법에 제대로 순응했을 때 선물을 주거나 격려, 칭찬을 해주면서 체중 변화를 실감할 수 있게 해서 보람을 느낄 수 있게 해야 한다.

| 자기 감시 |

자기 감시는 자가 기록을 통해 이루어진다. 소아 비만 치료를 할 때 자가 기록이 필요한 것은 음식 일지, 운동 일지, 생활 계획표 점검, 칼로리 노트 등이다. 자가 기록은 자기 행동의 긍정적인 면과 부정적인 면을 스스로 바라보게 되어 자기 관리를 하게 만들어준다.

| 강화(보상) |

소아 비만을 치료하는 아이가 문제 행동을 수정해 나가면서 스스로 계획을 잡아나가는 것을 말한다. 강화는 부모가 강제적으로 만들거나 치료자에 의해 만들어지는 것보다 아이 스스로 만드는 것이 훨씬 효과가 좋다. 또 강제적인 방법으로 강화시켰을 경우엔 역효과가 날 수 있으므로 주의한다.

강화를 만들어낼 수 있는 방법으로는 음식물과 같은 소모성 강화 자극, 장난감이나 학용품과 같은 조작이 가능한 자극, 시각적 자극, 청각적 자극 등 다양한 것이 있다. 아이의 특성에 맞춰 위의 자극 중 몇 가지를 골라서 자극하면 된다. 단 주의할 점이 있다면 음식물과 같은 소모성 강화 자극을 줄 때 소아 비만 치료에 방해가 되는 인스턴트 식품이나 패스트푸드는 삼가하도록 한다.

| 영양 교육 및 신체 활동 |

소아 비만 치료의 기본은 영양과 운동의 행동 수정이다. 따라서 식이 요법과 운동 처방이 실생활 습관이 되도록 해야 한다. 하지만 바람직한 행동은 모방이다. 아이에게 어떤 모델도 제시하지 않고 강요하는 것보다 부모 또는 가족이 소아 비만을 치료하는 아이의 모델이 되어 영양과 신체 활동 생활이 수정될 수 있도록 도와야 한다. 쉽게 설명하자면 텔레비전을 보더라도 부모 먼저 누워서 보는 습관을 고치고 엘리베이터 사용을 자제하며 계단을 오르내리는 것을 먼저 실천한다. 또 식사를 할 때도 꼭꼭 씹어 먹거나 야식을 먹지 않는 등 먼저 행동 수정을 해서 아이가 자극받을 수 있게 한다.

소아 비만을 치료하려면 자신에 대한 인식은 물론 긍정적인 사고 방식을 갖는 것이 중요하다. "난 뚱뚱하니까.", "난 원래 뚱뚱해."라는 인식은 버리고, 살이 빠질 수 있다는 희망과 그저 단순한 질병에 걸린 정도이므로 치료하면 바로 회복할 수 있다는 인식의 변화를 일으켜야 한다. 인식 변화는 치료에 적극적으로 동참하게 하는 힘을 가지고 있고 치료 효과를 몇 배로 상승시키는 효과가 있다.

생활 자세 교정으로도
살이 빠집니다

바르고 곧은 자세는 성장은 물론 체중 감량에도 도움이 된다. 서 있을 때, 앉아 있을 때 나도 모르는 사이 흐트러지는 자세에 조금만 신경을 쓴다면 자연스럽게 군살이 빠지게 된다. 이런 자세 교정은 생활 교정 일부분으로 습관을 들여서 서서히 고치는 것이 좋다.

| 서 있을 때 |

소아 비만아들의 서 있는 자세를 살펴보면 대부분 허리를 앞으로 굽히거나 고개를 앞으로 숙이고 있다. 또 다리 한쪽에 무게를 실어 약간 비뚤어진 자세로 서 있는 경우가 많다. 그래서 대부분 체형이 고개는 턱 부분을 앞으로 쭉 뺀 상태고 등은 뒤로 휘어서 상대적으로 허리가 앞으로 많이 휘어져 있다. 소아 비만아들의 이런 자세는 체중이 허리에 몰리게 한다. 그래서 허리 관련 질병을 일으키는 것은 물론 허리 부분에 지방이 모이게 하는 역효과를 일으킨다. 따라서 서 있을 때의 바른 자세를 알고 습관을 들여서 체중 감량에 도움을 주도록 한다. 서 있을 때의 올바른

자세를 3개월 정도 유지하면 적어도 3kg 이상의 체중 감량을 할 수 있다.

　서 있을 때는 고개는 앞으로 세우고 턱은 약간 들고 가슴은 세워 앞으로 펴 골반을 뒤로 빼준다. 그리고 양쪽 발뒤꿈치를 붙이고 체중은 양쪽 발에 균등하게 줄 수 있도록 양쪽 무릎을 곧게 편다. 또 양쪽 어깨를 수평이 되게 하고 힘을 주지 않아야 팔이 자연스럽게 펴질 수 있다. 오랫동안 서 있을 때는 한쪽 발을 블록이나 지형물을 이용해 교대로 올려놓는 것이 좋다.

| 걸을 때의 자세 |

걸을 때 자세가 안정되지 않으면 허리 균형이 뒤로 밀려서 허릿살이 붙게 만든다. 소아 비만아들을 보면 95% 이상이 정상적인 허리 균형이 제대로 잡혀 있지 않다. 따라서 바른 자세를 위해서는 십일자로 걷는 허리 자세 교정이 필요하다.

　걸을 때 보폭은 각자의 다리 길이에 따라 다르지만 약 75cm 정도가 적당하고, 걷는 속도는 1분에 120걸음이 적당하다. 또 어깨와 허리를 전후좌우로 흔들지 않도록 조심하며 '하나 둘' 등의 구호를 붙여 리듬감 있게 걷는다.

　걸을 때의 몸은, 가슴은 약간 펴는 듯한 느낌을 유지하고 배를 위로 당겨 엉덩이가 뒤쪽으로 처지지 않게 한다. 내딛는 다리의 무릎은 가볍게 뻗고 땅을 디딜 때는 뒤꿈치부터 닿게 한다. 이때 발끝이 진행 방향을 향하게 해서 바깥쪽으로 휘거나 안쪽으로 휘지 않도록 주의한다. 걸을 때 양쪽 다리의 간격은 5~7cm 정도가 적당하고 걷는 선이 교차하거나 지나치게 벌어지지 않도록 주의한다.

　걸을 때는 하체만을 움직이는 것이 아니라 동작의 근원이 허리에 있다는 생각으로 허리, 즉 아랫배부터 밀고 나아가는 듯한 이미지를 머릿속에 그리고 이를 행동으로 실천한다.

| 잠자는 자세 |

잠자는 자세가 잘못되면 혈액 순환이 원활하지 못해서 숙면을 취할 수 없다. 따라서 수면 시간 동안 소모 칼로리가 줄어들어 소아 비만 치료가 원활하지 못하도록 한다. 잠잘 때 올바른 자세로 자면 피로가 쉽게 풀리고 하루 50kcal 이상을 소모할 수 있어 효과적인 소아 비만 치료법이 될 수 있다.

잠잘 때는 베개 높이를 높지 않게 하는 것이 좋다. 낮은 베개나 둥글게 말은 수건을 이용해 목에 대고 잠을 잔다. 머리 뒷부분은 바닥에 닿게 하고 턱을 약간 들어 뒤로 젖혀주어 목과 어깨에 힘이 들어가지 않게 한다.

| 앉을 때의 자세 |

소아 비만아들은 대부분 의자에 기대앉는 것을 좋아한다. 그러나 앉은 자세 역시 살이 찌는 원인이 된다. 등받이가 탄력성이 있거나 아래로 움푹 들어간 것이라면 괜찮지만 그렇지 않다면 위험하다.

올바른 자세로 앉으면 칼로리 소모가 원활하게 이루어지는데 보통 1시간에 50kcal 정도 소모된다. 따라서 올바른 자세를 알고 습관을 들이도록 노력해야 한다.

의자에 앉을 때는 의자 앉는 면의 높이가 무릎 아래의 길이와 같게 한다. 앉는 면은 평면보다는 엉덩이 모양에 맞는 적당한 커브를 이룬 것이 좋으며 의자 뒷면의 기대는 곳은 허리뼈 위에 닿는 정도가 좋다. 특히 어린 아이들일수록 뒷면의 기대는 곳이 아이들 가슴 뒤쪽까지 높이 있어야 한다. 하지만 학교에서 사용하는 의자는 딱딱한 나무 의자로 되어 있어서 쉽게 적응하기 어렵다. 따라서 유연성과 탄력성을 주는 적당한 두께의 방석을 까는 것이 좋다. 그렇지 않으면 엉덩이 쪽에 있는 혈관이 압박을 받아 혈액 순환이 잘 되지 않는다.

날씬해지는 생활 습관

놀이터에서 바깥 놀이를 하는 아이들이 줄고 있다. 통계에 따르면 놀이터나 집 근처에서 신체를 이용한 바깥 놀이를 하거나 운동을 하는 아이들이 연평균 15%씩 줄고 있으며 10년 전과 비교했을 때 하루 4시간 이상 밖에서 지내던 10년 전 영유아들과 달리 요즘 아이들은 하루 평균 1.5시간을 밖에서 보내고 있다. 이런 현상은 요즘 아이들이 비만아가 되기 쉬운 생활을 하고 있다는 증거다.

바깥 놀이는 실내 놀이와 달리 신체를 이용한 놀이가 많다. 때문에 몸을 움직이는 시간이 그만큼 늘어나고 자연스럽게 운동이 되어 아이들 건강을 지켜준다. 따라서 아이가 비만아이거나 비만아가 될 확률이 높다고 생각된다면 아이를 밖으로 내보내서 바깥 놀이를 할 수 있도록 지도해야 한다. 가장 이상적인 야외 활동 시간은 1~2시간 정도지만 하루 30분 정도만 밖에서 뛰어놀아도 비만을 예방할 수 있다.

그러나 아이가 또래 친구들과 잘 어울리지 않거나 내성적인 성격을 갖고 있으면 아무리 밖으로 내보낸다고 해도 즐겁게 시간을 보낼 수 없다. 오히려 밖에서 혼자 앉아 스트레스만 더 받을 수 있다. 이럴 땐 아이를 무조건 밖으로 내보내는 것보다는 엄마가 아이를 데리고 공원을 산책하거나 집 앞 계단을 오르내리는 등의 활동을 시작으로 야외에 익숙해지는 시간을 갖는 것이 좋다.

구두보다는 운동화를 신는다.

아이들은 무조건 운동화를 신던 옛날과 달리, 옷에 맞게 구두를 신는 아이들이 늘고 있다. 아이들이 구두를 신는 모습이 보기 좋을 순 있지만 건강에는 도움이 되지 않는다. 왜냐하면 구두를 신게 되면 아이의 활동에 제약이 따라서 마음껏 뛰어놀 수 없기 때문이다. 따라서 구두보다는 운동화를 신게 하여 아이가 마음껏 뛰어다닐 수 있게 만드는 것이 좋다. 단 운동화도 굽이 너무 높거나 오래 신으라고 아이의 발 사이즈보다 큰 것을 사주지 않도록 주의한다.

야식은 금물!

요즘은 어른이나 아이들까지 점점 야행성 생활에 익숙해지고 있다. 그래서 밤에 음식을 먹는 일이 자연스러워지고 있는데, 불규칙적으로 밥을 먹거나 편식을 하는 것도 비만의 원인이지만 야식은 비만이 되는 지름길이라고 할 수 있다. 특히 야식은 '폭식'으로 이어질 수 있다. 밤에 음식을 많이 먹고 자면 다음날 소화가 제대로 되지 않아서 아침을 거르게 되고, 아침을 거르면 점심을 많이 먹거나 저녁을 많이 먹는 등 불규칙적인 식생활 습관을 만들게 된다.

그리고 음식을 먹은 뒤 한두 시간 지나지 않아서 잠을 자기 때문에 소화 시간을 충분히 갖지 못하게 된다. 또 야식을 먹으면 호르몬 분비에 방해가 되어 칼로리 소모가 제대로 이루어지지 않아 그대로 살이 되어 버린다. 따라서 밤에 먹는 음식은 그대로 살이 된다고 해도 과언이 아니다.

밤에 아이가 너무 배고파할 경우에는 따끈한 우유 한 잔이나 소화에 부담을 주지 않도록 바나나 반 개 정도를 주는 것이 좋다.

아침을 꼭 챙겨 먹는다.

불규칙적인 식사 습관은 '폭식'을 하게 만든다. 폭식은 비만이 되기 쉬운 체질이 아닌 사람도 비만이 될 수 있게 하는 무서운 식습관으로 반드시 피해야 할 일이다. 따라서 아침, 점심, 저녁 세 끼를 제때 먹는 것이 가장 바람직하다. 그 중에서 아침을 꼭 챙겨 먹어야 하루 세 끼 식사를 제대로 할 수 있게 된다. 아침을 굶게 되면 점심을 많이 먹게 되고 저녁은 소량으로 하게 된다. 그렇게 되면 저녁 8시가 지나면 다시 배가 고파져서 야식을 먹게 된다. 따라서 적당한 양의 아침 식사를 하는 것이 좋다. 바람직한 아침 식단은 다음과 같다.

✚ 바람직한 아침 식단 메뉴

월요일	화요일	수요일	목요일	금요일	토요일	일요일
잡곡밥	잡곡밥	잡곡밥	잡곡밥	잡곡밥	야채볶음밥	프렌치토스트
애호박찌개	미역국	무채국	홍합살미역국	순두부국	팽이미소된장국	저지방우유
병어구이	닭살야채볶음	쇠안심구이	각종버섯볶음	쇠고기장조림	김치	감자샐러드
시금치나물	김구이	청포묵김무침	오이나물	호박나물	당근주스	
오이생채	김치	김치	김치	오이생채		

간식은 엄마가 직접 만든다.

요즘 아이들이 예전 아이들에 비해 비만 수치가 높아지고 있는 것은 원터치 식품의 폐해 때문이다. 원터치 식품은 단시간에 조리가 가능한 인스턴트 식품으로 영양가는 전혀 없고 칼로리만 많아서 많이 섭취할 경우 비만이 되기 쉽다. 또 이런 식품에는 성인병으로 직결되는 콜레스테롤 수치가 높아서 아이의 건강까지 위협하고 있다.

따라서 아이들에게 원터치 식품을 끼니 때 먹지 않게 하는 것은 당연한 일이고, 간식으로도 주지 않도록 해야 한다. 간식은 엄마가 직접 만든 음식을 먹이는 것이 가장 올바른 방법이다. 단, 간식을 만들 때도 칼로리를 신경 써서 만들도록 한다. 이상적인 간식 칼로리는 250~350kcal로 아이가 아침, 점심, 저녁 식사 이외에 섭취해도 괜찮은 수치다. 또 간식을 만들어줄 때 아이가 좋아하는 음식으로만 만들어주지 않도록 조심해야 한다. 어린 아이들은 동물성 지방이 많은 음식이나 튀겨서 조리한 것을 선호하는 경향이 있다. 그러나 이런 음식은 열량이 높아 비만아가 될 위험성이 그만큼 커진다.

방 청소는 아이가 직접 한다.

아이가 하루에 30분 정도라도 밖에서 활동하는 것이 비만을 예방하고 치료하는데 효과적이다. 그러나 현대는 아이들이 밖에서 뛰어놀 만한 환경 여건이 만들어져 있지 않다. 환경 오염은 물론 교통 사고, 조기 교육 열풍은 물론 심지어는 날로 늘어가는 범죄 때문에 아이들이 밖에서 놀 만한 여건이 충분히 만들어지지 못하고 있다. 그 결과 아이들은 대개 집에서 텔레비전을 보거나 인터넷, 오락을 하는 등 실내 놀이에 익숙해지고 있다. 그러다 보니 실내에서 신체를 움직이는 일이 별로 없어 칼로리 소모가 제대로 되지 못해 비만아 증가율이 높아지고 있다.

따라서 집 안에서 아이가 최대한 몸을 많이 움직일 수 있도록 해야 한다. 가장 좋은 방법은 생활을 통해 자연스럽게 움직이는 것이다. 방 청소는 물론 아침 일찍 일어나서 이불 개기, 신발 정리 등 몸을 많이 움직이게 한다. 특히 청소는 몸을 '굽혔다 폈다'를 반복할 수 있고 온몸을 쭉쭉 펴는 등 다양한 동작을 할 수 있어 칼로리 소모에 효과적이다.

일정한 기간에 체중을 재는 습관을 들인다.

일주일에 한 번, 혹은 10일에 한 번씩 체중을 재서 아이 스스로 체중 변화에 신경 쓸 수 있게 한다. 비만을 예방하고 치료하는 생활 습관을 제대로 지키고 있다고 해도 생활하다 보면 친구 생일 파티, 집안 행사 등으로 예외적인 날이 며칠씩 생길 수 있다. 따라서 아이가 자신도 모르게 칼로리 섭취를 많이 해서 체중이 늘었을 경우, 스스로 체중 변화를 인식하고 다시 마음을 다잡을 수 있어야 한다.

엘리베이터 대신 계단을 이용한다.

엘리베이터, 에스컬레이터 등 생활이 편리해질수록 비만이 될 확률은 점점 높아진다. 비만을 예방하고 치료하는 생활은 몸을 최대한 많이 움직여서 칼로리 소모를 많이 시키는 것이다. 따라서 엘리베이터, 에스컬레이터는 편리한 생활을 제공하는 대신에 비만은 물론 운동 부족으로 인해 건강까지 해치게 할 수 있다.

엘리베이터 대신 계단을 이용하는 것은 물론 가까운 등하교 거리는 친구들과 함께 걸어 다닐 수 있게 한다. 또 하교 후 다니는 과외 학원 역시 학원 버스를 이용하기보다 아이가 직접 걸어서 가도록 한다.

하루에 1회 이상 심부름을 시킨다.

요즘 아이들은 책상 앞에 하루 종일 앉아 있는 시간이 점점 늘고 있다. 통계에 따르면 학교 또는 어린이집에서 45분 수업 시간 동안 가만히 앉아 있는 것 외에 놀이, 학습 등 하는 일의 순위를 매겨본 결과 1위는 텔레비전 시청으로, 하루 3시간 이상 아무것도 하지 않은 채 앉아서 혹은 누워서 텔레비전을 시청하는 것으로 조사되었다. 또 2위는 인터넷으로 컴퓨터 책상에 하루 1시간 이상 앉아서 인터넷을 통해 학습을 하거나 오락을 즐기는 것으로 나타났는데, 이런 결과는 아이들이 움직이는 시간이 점점 줄어들고 있다는 실제적인 예이다. 따라서 아이가 많이 움직일 수 있는 기회를 엄마가 만들어주도록 한다. 가장 좋은 방법으로는 아이에게 심부름을 시키는 것이다. 슈퍼마켓에서 물건을 사오게 하거나 은행 심부름 등 아이가 집을 벗어나서 10분 이상 걸을 수 있는 기회를 만들어준다. 심부름은 아이에게 자립심은 물론 독립심, 사회성을 키워줄 수 있어 칼로리 소모와 더불어 일석이조의 효과를 볼 수 있다. 하지만 아이가 어려서 위험하다고 생각된다면 엄마가 외출해야 할 때 아이를 함께 데리고 나가거나 하루 20분 정도의 집 주변 산책 코스를 만들어 엄마와 함께 걸어 다닐 수 있게 한다.

아이만의 스트레스 해소 방법을 만들어준다.

아이들도 어른처럼 스트레스를 받는다. 아이가 스트레스를 받지 않도록 엄마가 아이의 생활에 신경을 써줘야 하는 것은 당연하지만 엄마가 해결해 주지 못하는 스트레스도 있다.

어린이집 혹은 학교 생활을 시작하면서 스트레스를 받기도 하고, 성격에 따라서는 놀이를 하면서도 스트레스를 받는 경우도 있다. 만약 아이가 승부욕이 강한 아이라면 오락은 물론 친구들과 게임을 하면서도 스트레스를 받게 된다.

무조건 아이가 스트레스를 받지 않는 환경을 만들기에 급급하기보다는 아이가 스스로 스트레스를 해소시킬 수 있는 방법을 알려주는 것이 좋다. 스트레스를 해소시키는 방법을 제대로 알지 못하는 경우에 아이는 폭식을 하여 비만아가 되기 쉽다. 또 정서적으로 불안정하여 제대로 된 생활을 하지 못하는 경우가 많다.

그러나 아이가 스트레스가 쌓였는지는 전문가가 아닌 이상 확실히 구별해 내기가 어렵다. 따라서 평소에 아이가 좋아하는 취미를 갖게 하고 운동을 시켜서 신체 활동을 통해 기분 나쁜 일들을 잊어버릴 수 있게 한다.

편안한 옷을 입는다.

요즘 아이들의 옷 가격은 어른들 옷 한 벌 값과 비슷하거나 더 비싼 경우가 많다. 그만큼 좋은 재질로 만들어진 것도 있겠지만 장식이 많고, 보기에는 좋으나 활동성은 떨어진다.

아이들은 편안한 옷보다 몸에 딱 맞고 장식이 많은 옷을 입게 되면 활동에 제

약을 받아서 마음껏 뛰어놀지 못할 뿐 아니라 편안한 자세를 취하지 못해서 자세 또한 불편해진다. 그렇게 되면 식사를 한 뒤에 몸을 움직이지 않고 가만히 있는 버릇이 생기고, 나중엔 몸을 움직이는 것을 귀찮아 하게 된다.

아이들에겐 활동하기 좋고 편안한 자세를 취할 수 있는 옷이 가장 잘 어울린다. 또 활동성이 좋은 옷을 입으면 몸을 자유롭게 움직여서 비만을 막을 수 있는 간단한 체조를 언제 어디서나 할 수 있게 되는 장점이 있다.

과외 학원 대신 운동 학원에 보낸다.

조기 교육 열풍이 불면서 아이들은 어린이집 또는 학교 외에 또 다른 학원에서 공부를 하는 경우가 많다. 한 여론 조사 기관의 조사를 보면 초등학교 학생 중 70% 이상이 과외 수업을 받고 있으면 이 중 40% 이상이 두 개 이상의 학원에 다니는 것으로 결과가 나왔다.

아이들은 이런 환경 속에서 노는 시간이 줄어들고 그만큼 몸을 움직이지 않고 가만히 앉아 있는 시간이 늘게 되었다. 이런 생활은 아이가 하루 소비하는 칼로리 소모량을 줄여서 먹는 것이 그대로 살로 가게 한다. 따라서 소아 비만에 걸릴 확률이 높아진다.

하지만 현실적으로 아이를 학원에 보내지 않고 무조건 집에서 놀라고 강요할수는 없다. 과외 수업을 받는 아이들이 늘면서 과외 수업을 듣지 않으면 경쟁에서 밀리는 스트레스를 받게 되기 때문이다. 이럴 땐 과외 학원을 두 군데 보내는 대신 일주일에 몇 번은 운동을 배우게 한다. 비만 치료에 좋은 수영, 육상 종목이나 태권도, 검도 등을 배우게 해서 아이가 땀 흘릴 수 있는 기회를 준다.

또래 친구들과 어울리는 시간을 늘린다.

아이가 밖에서 뛰어노는 시간이 늘어나려면 친구들과 사이가 좋아야 한다. 아이들이 즐길 수 있는 바깥 놀이는 혼자서 할 수 있는 것보다 친구들과 여럿이 어울려 할 수 있는 것이 많기 때문이다. 또 또래 친구들과 어울리려면 친구 집으로 이동하거나 친구들과 함께 놀이터, 공원으로 이동해야 하는 기회가 늘어서 아이가 움직이는 시간이 그만큼 늘게 된다. 따라서 아이가 또래 친구들과 잘 어울릴 수 있도록 엄마가 도와주는 것은 물론 무조건 집에서 공부만 하라고 강요하기보다 친구들과 친목을 다질 수 있는 시간을 만들어준다.

만약 아이가 소극적이거나 친구들과 잘 어울리지 못한다면 운동 또는 비만 캠프 등에 보내서 같은 목적으로 모인 친구들과 사귈 수 있는 기회를 갖게 한다.

친구들과의 외식을 줄인다.

친구들과 잘 어울리면 바깥 놀이를 많이 하는 등 신체 활동이 늘어서 좋지만 나쁜 식생활 습관을 들이게 될 위험이 있다. 햄버거, 콜라, 사탕, 초콜릿 등 비만을 부르는 음식을 엄마 몰래 먹게 되기 때문이다. 그러나 친구들과의 모임에서 혼자만 빠질 수는 없는 일이다. 사회 생활을 위해서는 어느 정도의 패스트푸드, 인스턴트 식품을 섭취해야 한다. 따라서 아이가 친구들과 하는 외식, 간식 횟수를 약간식 줄이게 한다. 또 친구들을 집으로 초대해서 엄마가 직접 간식을 만들어주기도 한다.

일찍 자고 일찍 일어난다.

비만을 예방하고 치료하는 올바른 취침, 기상 시간은 오후 9시 30분에 잠들어 다음날 오전 7시에 일어나는 것이다. 물론 이 시간에 딱 맞출 필요는 없지만 일찍 잠이 들수록 배고픔을 느끼는 기회가 줄어 야식을 먹지 않게 된다. 또 아침 일찍 일어나면 몸을 움직이는 시간이 늘고 체조 등의 운동을 할 수 있는 기회가 늘어서 비만 치료에 효과적이다.

식사는 엄마가 꼭 챙겨준다.

일하는 엄마들이 늘면서 아이 혼자 밥을 차려 먹는 일이 늘고 있다. 하지만 아이가 혼자 밥을 차려 먹게 되면 먹고 싶은 음식만 먹게 되거나 식사량을 조절하기가 힘들다. 또 밥 대신 피자, 햄버거 등 칼로리는 높고 영양가 없는 음식을 먹게 될 경우가 많기 때문에 식사는 엄마가 꼭 챙겨주도록 한다. 만약 엄마가 회사에 가고 없어서 점심을 챙겨주지 못할 때는 도시락을 싸줘서 집에서 아이 혼자 먹더라도 칼로리가 조절되고 5대 영양소가 확실하게 섭취될 수 있도록 한다.

밖에서 먹은 음식은 음식 일지에 꼭 적게 한다.

엄마 모르게 아이 혼자 밖에서 먹은 음식은 음식 일지에 꼭 적게 한다. 계획에 없이 친구들과 군것질을 했거나 친구집에 초대를 받아서 먹은 음식을 음식 일지에 적는다. 그리고 엄마는 아이가 식사를 하기 전에 음식 일지를 체크해서 하루 섭취 칼로리 양을 조절해 준다. 단, 이때 아이가 음식 일지에 예상 외로 칼로리가 높은 음식을 썼다고 해서 무조건 밥을 굶기거나 적은 양을 주게 되면 아이는 음식 일지 쓰는 일을 게을리 할 수 있다. 따라서 아이가 밖에서 고칼로리 음식을 많이 먹고 들어온 날에는 곤약, 해조류 등의 저칼로리 음식을 많이 주는 등 엄마의 현명한 식단 조절이 필요하다.

거울을 자주 보게 한다.

아이에게 하루 1회 이상 거울을 보게 해서 자신의 비만도를 자각할 수 있게 한다. 특히 식이 요법이나 운동 요법을 하는 아이들에겐 거울을 자주 보게 하면 체중이 줄면서 변화되는 자신의 모습을 보고 자신감을 갖게 되는 경우도 있다. 단, 거울을 볼 때 친구나 형제, 자매 중 날씬한 사람과 나란히 서서 비교하지 않도록 조심한다. 이렇게 되면 아이는 자신을 포기하거나 스트레스를 받아서 역효과를 볼 수 있다.

집 안에서 눕기보다 앉거나 서 있는 시간을 늘린다.

살이 찌는 아이들의 생활 습관을 가만히 살펴보면 움직이기 싫어하고 누워서 생활하는 경우가 많다. 특히 텔레비전을 보거나 책을 볼 때도 소파나 마루에 누워 있다. 따라서 아이가 되도록 한 동작을 오래 취하거나 가만히 있는 시간을 줄이고 움직이는 시간이 늘 수 있도록 조절해 준다. 텔레비전을 볼 때도 가만히 앉아 있기보다 팔을 움직이는 간단한 동작을 한다거나 일어나서 발목을 돌리는 등 계속 움직일 수 있게 한다.

일주일에 1회 이상 뜨거운 욕탕 목욕을 한다.

잠들기 전에 뜨거운 물로 샤워를 해서 피곤함을 풀어주는 것도 좋지만 일주일에 1회 이상 뜨거운 욕탕에 들어가 땀을 빼는 목욕을 하는 것도 살 빼는 생활 습관 중 하나다. 특히 뜨거운 욕탕에 들어가서 땀을 빼면 노폐물이 제거되는 것은 물론 쌓였던 피로가 풀리는 효과가 있어 건강에도 도움이 된다.

먹고 난 뒤 바로 잠들지 않는다.

비만이 되는 생활 습관을 살펴보면 먹고 난 뒤 소화가 되기도 전에 바로 잠들거나 잠들기 직전에 많이 먹는 경향이 있다. 식사를 하거나 간식을 먹고 난 뒤에는 10분 정도 쉬어주는 것이 소화를 위해 좋긴 하지만 10분 이상 누워 있거나 움직이지 않는 것은 비만을 부르는 일이다. 따라서 음식을 먹고 난 뒤에는 10분 정도 쉬었다가 활동을 많이 해서 칼로리를 소모시키도록 한다. 특히 저녁 7시 이후엔 아무것도 먹지 않아서 잠들기 전에 충분히 소화를 시킨다.

생활 계획표를 짠다.

규칙적인 생활은 살이 찌는 것을 예방시켜 준다. 특히 규칙적인 생활을 하게 되면 아침, 점심, 저녁 식사를 규칙적으로 먹을 수 있기 때문에 폭식, 야식 등을 미리 예방하게 된다. 또 규칙적으로 운동을 꾸준히 할 수 있어서 비만을 치료하는 데도 효과적이다.

| 운동과 일상 생활에 따른 칼로리 소모량 |

활동 종류	칼로리(kcal)	활동 종류	칼로리(kcal)
수면	10	눈 치우기	65
텔레비전 시청	10	정원 손질	30
앉아서 이야기하기	15	잡초 뽑기	49
옷 갈아입고 씻기	26	앉아서 글 쓰기	15
서 있기	12	가벼운 사무 보기	25
아래층으로 걷기	56	잠자리 준비	32
위층으로 걷기	146	산책	22
천천히 걷기	90	운전	42
빨리 걷기	118	세탁	26
마루닦기	35	서 있는 작업	16
먼지털기	22	목욕	84
식사 준비	32		

날씬하게 옷 입는 법

비만을 예방하고 치료하는 생활 환경을 만들기 위해서 가장 필요한 것은 아이의 노력이다. 엄마 아빠는 물론 가족의 도움과 격려도 필요하지만 비만에 걸릴 확률이 높거나 이미 비만에 걸린 아이가 스스로 생활을 바꾸려는 노력을 해야 한다.

그러나 또래 친구들보다 뚱뚱한 아이들은 끈기가 없거나 소극적인 성격을 가진 경우가 많다. 그래서 "할 수 있다."는 자신감을 가지고 적극적으로 생활을 바꾸려고 노력하기보다는 "난 원래 뚱뚱해." 하며 포기하기 쉽다. 이럴 땐 아이가 자신감을 가질 수 있도록 해주어야 한다. 뚱뚱한 아이가 가장 쉽게 자신감을 회복하는 방법은 "날씬해졌다."는 다른 사람들의 인정과 자신의 눈으로 자기 몸을 확인하는 것이다. 그러나 며칠간의 노력으로 단번에 체중이 줄어드는 것은 아니다. 따라서 확실한 다이어트 효과를 짧은 시간 내에 보게 하려면 '날씬하게 보이는 코디법' 으로 옷을 입게 한다.

7

상하의를 같은 색으로 입는다.

상의와 하의를 같은 색으로 입으면 다른 색으로 입을 때보다 키가 커보이고 날씬해 보인다. 투피스처럼 상하의가 같은 재질, 같은 색상으로 된 옷을 입어도 좋지만 파란색-남색, 분홍색-보라색 등 서로 어울리는 색으로 입어도 좋다.

또 다른 색으로 옷을 입더라도 상의 색을 하의 색보다 어두운 색으로 선택해서 안정감 있고 부피가 적은 느낌을 준다.

원피스보다는 투피스를 입는다.

뚱뚱한 사람들은 보통 배가 많이 나왔다. 따라서 배를 가리는 것이 좋은데 원피스를 입게 되면 뚱뚱한 배가 더 도드라지게 된다. 따라서 원피스보다는 투피스를 입도록 한다. 또 투피스를 입거나 티셔츠와 바지를 입을 때 상의를 하의 안으로 집어 넣어 입기보다는 배를 가릴 수 있도록 티셔츠를 조금 길게 입거나 티셔츠 위에 카디건이나 조끼를 입는다.

긴 치마보다는 짧은 치마를 입는다.

뚱뚱한 경우에는 다리가 굵어서 짧은 치마를 입지 않고 긴 치마를 입게 된다. 그러나 긴 치마를 입으면 키가 작아 보이고 부피감이 있게 느껴져 더 뚱뚱해 보이는 역효과가 나타난다. 따라서 뚱뚱하더라도 무릎선에 걸치는 치마를 입는 편이 더 좋다. 또 치마는 개더 스커트보다는 주름 스커트, A라인 스커트를 입도록 한다.

라운드 티셔츠 대신 브이넥 티셔츠를 입는다.

뚱뚱한 아이들은 목이 길어도 살이 쪄서 짧아 보인다. 그리고 얼굴에 살이 붙어서 동그란 얼굴형이 대부분이다. 라운드 티셔츠는 이런 체형의 단점을 더 도드라지게 만들어주기 때문에 되도록이면 피하게 한다. 대신 브이넥 티셔츠를 입어서 목이 길어 보이고 얼굴이 갸름해 보이게 한다.

질감이 두꺼운 스웨터 대신 면소재를 입는다.

질감이 두꺼운 스웨터는 뚱뚱해 보이는 체격을 더 부피감 있어 보이게 만든다. 따라서 아주 얇지 않은 면 소재로 된 옷을 입도록 하는 것이 좋다. 단, 상의를 고를 때는 팔뚝 부분이 꽉 끼지 않는 넉넉한 사이즈를 구입하고 바지는 허벅지 부분이 넉넉한 사이즈를 입어서 옷이 작은 느낌이 들지 않게 한다.

작은 무늬가 있는 옷은 피한다.

뚱뚱한 사람은 작은 무늬가 줄처럼 나열된 옷은 피하는 것이 좋다. 특히 작은 무늬가 가로 배열로 되어 있는 옷은 더 뚱뚱하게 보일 수 있기 때문에 피하도록 한다.

따뜻한 색 옷은 피한다.

노란색, 주황색 등 따뜻한 색의 옷은 부피감을 느끼게 하기 때문에 뚱뚱한 사람들은 피하는 것이 좋다. 만약 하얀색이나 노란색의 옷을 입었다 해도 검은색, 남색 등 짙은색 카디건, 점퍼, 조끼 등을 입어서 날씬해 보일 수 있게 한다.

바지를 접어 입지 않는다.

아이들은 하루가 다르게 키가 자라기 때문에 큰 치수의 바지를 사서 몇 번이나 접어 입는 것이 보통이다. 그러나 뚱뚱한 아이들은 바지를 접어 입을 경우에 키가 작아 보여서 더 뚱뚱하게 보이기 쉽다. 따라서 바지를 입을 때 접어 입지 않고 치수가 적당히 맞는 것을 구입하도록 한다.

허리띠를 꼭 착용한다.

허리띠를 착용하면 배 부위에 긴장감을 갖게 되어 자세를 바로 할 수 있다. 또 폭식을 자제하게 하는 데 도움이 된다. 그리고 허리띠로 나온 배를 감출 수 있어 날씬해 보이는 효과가 있다.

자신감으로
소아 비만을 완치하세요

8

자신감이
가장 중요합니다

"저 원래 뚱뚱해요."

해맑은 얼굴로 농담하듯이 내뱉는 한마디. 소아 비만아들이 병원을 찾아서 치료를 시작할 때 하는 말이다. 집에서 엄마와 함께 다이어트니 뭐니 안 한 것이 없는 아이들은 마지막 방책으로 병원까지 오게 되는 경우가 많다. 그러다 보니 '어떤 방법도 소용이 없다.'는 결론을 미리 내린 아이들이 많다. 그래서 치료 시작 시기에는 '원래 뚱뚱하다.'는 말로 치료에 대한 적극성을 보이지 않는 아이들이 대다수다.

물론 치료에 대한 효과가 나타나기 시작하면 놀랍게도 치료에 가속도가 붙어서 금세 체지방이 줄어들거나 겉보기에도 정상 체중아들과 별다를 게 없어 보이기도 한다. 그 때문인지 비만 프로그램에 참여하는 영양사, 운동 처방사 모두가 한소리로 이야기한다.

"자신감을 가진 아이는 정말 빠르게 달라져요."

아이들의 자신감을 만들어주는 것은 치료 효과다. 체중이 줄어들거나 주변에서 '살 빠져 보인다.'는 말에 기분이 좋아지고 살을 뺄 수 있다는 자신감이 붙는다. 그러나 치료 효과가 생기기까지는 오랜 시간이 필요하고 아이가 많이 힘들 수 있다. 따라서 치료 전 아이가 자신감을 가질 수 있도록 해주어야 한다.

소아 비만아들은 대부분 성격 탓으로 내성적이거나 소극적이기도 하지만 소아 비만 때문에 소극적이거나 우울증에 어느 정도 걸린 경우가 많다. 따라서 쉽게 자신감을 갖거나 치료에 적극적이기 힘들다. 그러나 자신감 회복은 치료 과정에 꼭 필요하다. 우울증은 소아 비만을 일으키는 요소이기도 하기 때문이다. 따라서 아이가 자신에 대한 인식을 달리하고 비만 치료에 자신감을 가질 수 있도록 노력해야 한다. 그렇다면 자신감은 어디서 나오는 걸까?

가족이 힘이다.

아이에게 가장 힘이 되어주는 것은 가족이다. 병원을 방문하여 치료하는 아이들을 봐도 가족들의 도움이 있으면 대부분 치료에 빨리 성공한다. 그러나 엄마 아빠가 바쁘다는 핑계로 아이의 치료에 동참하지 않는 경우에는 치료 효과가 다른 아이들에 비해 늦고 아이 역시 치료 과정에서 쉽게 지치는 것을 볼 수 있었다.

비만아를 치료하기 위해선 가족들의 응원이 필요하다. 식이 요법을 할 때도 온 가족의 식단을 함께 바꾸어 아이 혼자만 다른 음식을 먹지 않도록 한다. 만약 아이 혼자 다른 음식을 먹을 경우에는 소외감을 느끼거나 외로움을 느끼기 쉽다. 따라서 가족 식탁 메뉴를 통일시키는 것이 좋고 아이를 제외한 다른 가족들이 야식을 먹거나 특별한 간식을 먹는 일이 없도록 주의한다. 또 운동 요법을 할 때도 마찬가지다. 아침, 저녁 운동은 부모가 함께해서 아이가 운동을 습관들일 수 있도록 하자.

격려만큼 좋은 방법이 없다.

성장하는 아이에게 칭찬하고 격려하는 한마디는 아이의 인생을 뒤바꾸기도 한다. 소아 비만 치료도 예외는 아니다. 아이를 칭찬하고 격려하는 말 한마디가 아이의 자제력을 만들어준다. 특히 소아 비만아에게 아이가 뚱뚱한 것이 아니라 감기처럼 흔한 질병에 걸려서 치료하면 완치될 수 있다는 희망을 안겨준다면 아이는 금세 자신감을 회복할 수 있다. 치료하는 동안에도 잘할 수 있다는 격려와 작은 효과에도 칭찬을 아끼지 않도록 해보자.

취미를 갖게 한다.

아이가 좋아할 수 있는 취미를 만들어준다. 우표 수집이나 사진 찍기, 롤러블레이드, 스케이트 타기 등 취미를 갖게 해서 성취감을 가질 수 있는 기회를 마련한다. 자신도 무언가를 할 수 있다는 성취감을 맛보게 되면 자신감 회복은 시간 문제다.

비슷한 환경의 친구들과 만남을 갖는다.

소아 비만아들에게 우울증이 생기기 쉬운 이유는 남들과 다른 외모 때문에 받는 스트레스, 그로 인해 받는 대접 때문에 받는 외로움이 크기 때문이다. 따라서 같은 상황에 처한 소아 비만아들과 함께 어울려서 동질감을 느끼게 하고 비슷한 고민을 털어놓을 수 있는 기회를 마련해 준다. 인터넷 동호회에 참여하는 것도 좋고 부모들끼리의 모임을 만들어 아이들끼리 자연스럽게 친해질 수 있는 기회를 제공하는 것도 방법이다. 또 소아 비만 프로그램, 캠프 등에 참여해서 친구들과 합숙을 하며 시간을 보내게 하는 것도 자신감을 회복하는 방법 중 하나다.

날씬해지는
생활 계획표

판단력이 없는 아이에게 소아 비만 치료는 갑작스러운 생활 변화일 수 있다. 따라서 스트레스를 받거나 심한 거부감을 일으키기 쉽다. 또 엄마 몰래 간식을 사 먹거나 학교 급식 시간에 많은 양의 밥을 먹을 수도 있다. 따라서 강제적인 치료는 오히려 소아 비만 증세를 악화시키는 역효과만 일으킬 수 있다.

아이들에게 가장 좋은 것은 자연스럽게 생활을 바꾸는 것이다. 치료법이 생활화되면 소아 비만이 완치된 후에도 재발을 막고 예방할 수 있기 때문이다. 또 건강이 나쁜 아이들은 건강을 되찾게 해주기 때문에 일석이조이기도 하다. 따라서 아이가 소아 비만을 예방하고 치료할 수 있는 생활 계획표를 짜고 이를 실천할 수 있도록 도와주어야 한다.

소아 비만을 예방하고 치료하기 위해서 작성하는 생활 계획표는 우선 아이의 비만도를 체크한 뒤에 작성하는 것이 좋다. 감량 목표나 현재 운동량 등을 고려하여 무리없이 진행해야 아이가 달라진 생활에 대한 거부감을 적게 느낀다. 또 실천하기도 편해서 성취감을 쉽게 느껴 지속할 수 있는 가능성이 커진다.

소아 비만 치료 시기에 따라 짜여진 생활 계획표를 통해 아이의 생활 계획표를 차근차근 머리에 그려보도록 하자.

    뒤에 나오는 계획표는 만 4세에서 초등학교 저학년까지를 기준으로 작성되었다. 우선 기상 시간과 취침 시간을 주목하자. 소아 비만 치료에 있어서 가장 기본이 되는 것은 규칙적인 생활 습관이다. 특히 아침에 일찍 일어나고 저녁에 일찍 잠들도록 한다. 특히 취침 시간을 앞당겨서 저녁에 공복감을 느껴서 야식을 먹지 않도록 유도한다. 만 7세 이하의 아이들은 낮잠 시간을 중간에 갖도록 하는 것도 잊지 않는다. 단 낮잠 시간이 식사 시간보다 먼저 있게 해 먹은 뒤 바로 잠들지 않도록 주의한다.

    아침 체조 시간에는 격한 운동이나 무리한 체조 동작은 하지 않는다. 몸을 풀어주는 스트레칭 동작이 좋으며 10분에서 15분 사이에 동작을 마무리한다. 또 등하교 길은 엄마 혹은 또래 친구들과 함께 걸어서 다니게 하고 하교길에 군것질을 하지 못하도록 용돈을 자제한다. 하지만 간식 시간을 아예 없애서는 안 된다. 아침 시간과 점심 시간 사이 학교에서 먹을 수 있는 간식과 점심과 저녁 식사 사이에 집에서 먹을 수 있는 시간을 나누도록 한다. 간식은 주로 과일이나 고구마, 감자 등이 좋으며 군것질을 하고 난 뒤에는 간식을 야채 주스 등 영양 보충이 함께 될 수 있는 것으로 선택해 소량만 먹게 한다.

    바깥 놀이 시간에는 비만 치료에 도움이 되는 놀이를 해도 좋지만 친구들과 자유롭게 뛰어다니며 놀 수 있는 시간을 제공하는 것이 바람직하다. 그리고 저녁 식사 준비 시간에는 심부름을 통해 밖을 돌아다니게 하는 것이 좋고 집안일은 분담하여 청소 등을 도울 수 있는 시간도 마련한다.

| 소아 비만 치료를 시작한 아이의 하루 생활 계획표 |

(만 4세 이후부터 초등학교 저학년을 기준)

오전	7시	일어나기(스스로 이불 개기, 기지개 켜면서 몸 풀기)
	7시 20분	씻기
	7시 40분	아침 체조
	8시	휴식
	8시 15분	아침 식사
	8시 40분	휴식 및 등교(학교 및 놀이방) : 걸어서 등교
오후	1시 20분	하교(걸어서 하교)
	1시 30분	씻기
	2시	휴식
	2시 10분	바깥 놀이
	3시 30분	휴식
	3시 40분	간식(과일 및 야채 위주)
	4시	휴식
	4시 20분	자유 시간(놀이를 하거나 학습 시간을 갖는다)
	5시	엄마와 저녁 준비 및 심부름
	6시	휴식
	6시 20분	저녁 식사
	6시 50분	휴식
	7시 10분	가족들과의 시간
	8시 10분	가족들과 체조
	8시 30분	샤워
	9시	휴식
	9시 10분	잠잘 준비
	9시 30분	잠자기

치료 시작 3개월 이후 아이의 하루 생활 계획표

(만 4세 이후부터 초등학교 저학년을 기준)

오전	7시	일어나기(스스로 이불 개기, 기지개 켜면서 몸 풀기) 및 아침 체조
	7시 20분	걷기 및 뛰기(가까운 공원을 찾아 줄넘기를 하거나 걷기, 뛰기를 한다)
	7시 40분	씻기
	8시	휴식
	8시 15분	아침 식사
	8시 40분	휴식 및 등교(학교 및 놀이방) : 걸어서 등교
오후	1시 20분	하교(걸어서 하교)
	1시 30분	씻기
	2시	휴식
	2시 10분	바깥 놀이
	3시 30분	휴식
	3시 40분	간식(과일 및 야채 위주)
	4시	휴식
	4시 20분	운동 및 체조
	5시	엄마와 저녁 준비 및 심부름
	6시	휴식
	6시 20분	저녁 식사
	6시 50분	학습 시간
	7시 30분	가족들과의 시간
	8시 10분	가족들과 체조
	8시 30분	샤워
	9시	휴식
	9시 10분	잠잘 준비 및 스트레칭
	9시 30분	잠자기

저녁 시간에는 가족과의 시간을 꼭 마련하도록 하는데 이 시간을 통해 음식 일지, 운동 일지를 작성하고 파악하도록 한다. 엄마 아빠가 영양사, 운동 처방사가 되어 아이가 하루 동안 어떤 음식을 먹고 어떤 운동과 활동을 했는지 검사하면서 칭찬과 격려를 하는 시간을 갖도록 하자.

두 번째 생활 계획표를 앞의 것과 비교해 보면 운동량이 늘었다는 것을 한눈에 알 수 있다. 특히 운동 시간이 늘어서 아이가 칼로리 소모를 많이 할 수 있는 시간을 주는 것이 좋다. 천천히 살펴보면 아침 일찍부터 밖으로 나가는 연습을 한다. 소아 비만아들은 집 안에만 있기를 좋아하고 한 장소에만 머물기를 좋아하는 습성을 갖고 있다. 따라서 아이가 아침부터 밖으로 나가는 등 몸을 움직이는 습관을 들일 수 있는 생활 계획이 필요하다. 가까운 집 근처 공원에 가서 운동을 하는 것도 좋고 약수물을 받으러 가족과 함께 걷기를 해도 된다. 아이가 심한 거부감을 일으키면 아파트 계단을 오르내리거나 집 주변을 한 바퀴 돌고 오는 간단한 운동을 시켜도 괜찮다.

또 중간중간 쉬는 시간을 10분 정도 가질 수 있게 하는데, 운동량이 늘어나거나 무리하게 몸을 움직이면 아이들이 쉽게 피로할 수 있기 때문이다. 또 생활 변화는 아이들이 스트레스를 받기 좋은 환경이기 때문에 10분씩 쉬는 시간을 자주 갖도록 한다.

치료 시작 시기의 생활 계획표와 다른 점을 더 찾아보면 운동 시간을 낮에 한 번 더 갖는 것이다. 이때는 단순히 친구들과 뛰어노는 바깥 놀이와 달리 수영, 에어로빅, 헬스 등 소아 비만에 도움이 되는 운동을 배우는 시간을 갖도록 한다. 일주일에 최소 2~3회 정도로 시간을 가져서 칼로리 소모는 물론 성장 발달을 돕는다. 또 잠자기 전에도 치료 시작 시기와 달리 간단한 체조를 하는 것이 좋은데 이때 하는 운동은 스트레칭 등 몸을 풀어주고 하루 피로를 풀어줄 수 있는 것으로 택한다.

부록

주요 식품 칼로리

| 주요 식품 칼로리 |

과일

종류	개수	칼로리(kcal)
사과	1	100
배	1	150
딸기	1	4.5
귤	1	50
바나나	1	100
수박	1쪽	50
감	1	100
메론	1	200
복숭아	1	50
자몽	1	100
오렌지	1	100
자두	1	25
참외	1	100
토마토	1	50
살구	1	10
앵두	1	50
파인애플	1	50
대추	9	50

야채 주스

종류	개수(중량)	칼로리(kcal)
오이	1	40
냉이	100g	40
시금치	100g	30

곡류

종류	개수(중량)	칼로리(kcal)
감자	30g	100
고구마	50g	100
밀가루	1컵	200
백미	1컵	300
보리밥	1컵	180
식빵	1쪽	100
옥수수	1개	200
찹쌀	3큰술	100
현미	3큰술	100
쌀밥	1공기	300

생선

종류	개수	칼로리(kcal)
가자미	1	100
광어	1	100
물오징어	1	50
굴비	1	150
새우	1컵	75
고등어	1	50
게맛살	1	100
동태	1	100
북어	1	50
멸치	1	50
낙지	1	50

면류

종류	개수	칼로리(kcal)
라면	1	500
우동	1	690
냉면	1	410
짜장면	1	660
컵라면	1(소)	300
비빔냉면	1	570
스파게티	1	410
칼국수	1	460

빵

종류	개수	칼로리(kcal)
토스트	1	67
애플파이	1	247
크로켓	1	300
도너츠	1	100
햄버거	1	400
카스텔라	1	317
소보로	1	200
감자빵	1	226
생크림케이크	1조각	340
야채빵	1	271
찹쌀도너츠	1	180

음료

종류	용량	칼로리(kcal)
콜라	250ml	100
라이트콜라	250ml	30
사이다	250ml	120
게토레이	250ml	80
포카리스웨트	250ml	60
화이브미니	100ml	95
미에로화이바	100ml	40
블랙커피	250ml	50
우유	200ml	125

탕류

종류	분량	칼로리(kcal)
대구매운탕	1인분	400
꽃게탕	1인분	425
알탕	1인분	450
설렁탕	1인분	475
갈비탕	1인분	475
육개장	1인분	475
삼계탕	1인분	825

찌개 & 전골(밥 포함)

종류	분량	칼로리(kcal)
김치찌개	1인분	425
청국장찌개	1인분	425
동태찌개	1인분	450
순두부찌개	1인분	500
쇠고기전골	1인분	425
불낙전골	1인분	550
부대찌개	1인분	640
된장찌개	1인분	390

찜류

종류	개수	칼로리(kcal)
찐감자	1개	100
찐고구마	1개	175
찐옥수수	1개	125
계란찜	1인분	100

튀김

종류	개수(분량)	칼로리(kcal)
맛탕	1인분	75
오징어튀김	1개	44
야채튀김	1개	50
새우튀김	1개	50
감자튀김	1인분	125

스낵

종류	개수(포장별)	칼로리(kcal)
초코파이	1	175
빼빼로	1	175
홈런볼	1	250
새우깡	1	450
양파링	1	450
에이스	1	810
꿀꽈배기	1	350
칸쵸	1	225
포테토칩	1	310
고래밥	1	250
쌀로랑	1	600
깨강정	1	650

우유 및 유제품

종류	개수	칼로리(kcal)
우유	1팩	125
요구르트	1개	50
요플래	1	100
아이스크림	1컵	200
밀크세이크	1컵	325
치즈	1장	70

중식

종류	분량	칼로리(kcal)
자장면	1인분	660
짬뽕	1인분	540
볶음밥	1인분	720
탕수육	1인분	1780
우동	1인분	610
깐풍기	1인분	567
군만두	1인분	630
마파두부	1인분	358

종류	분량	칼로리(kcal)
감자샐러드	1인분	183
달걀프라이	1인분	112
스파게티	1인분	690
해물도리아	1인분	613
스프	1인분	200
돈가스	1인분	980
안심스테이크	1인분	860
생선가스	1인분	880
햄버거스테이크	1인분	900
김치볶음밥	1인분	610
오므라이스	1인분	680
카레라이스	1인분	600
피자	1인분	1120

분식

종류	분량	칼로리(kcal)
돌냄비우동	1인분	550
수제비	1인분	410
칼국수	1인분	460
고기만두	1인분	360
만두국	1인분	400

일식

종류	분량	칼로리(kcal)
메밀국수	1인분	450
생선초밥	1인분	450
유부초밥	1인분	500
김초밥	1인분	360
회덮밥	1인분	520

육가공품

종류	개수	칼로리(kcal)
게맛살	3개	75
참치통조림	1통	450
런천미트	1통	900

생야채

종류	개수	칼로리(kcal)
양상추	5장	20
깻잎	10장	20
상추	10장	25
오이	1개	25
양파	1개	50
당근	1개	75

샐러드

종류	분량	칼로리(kcal)
양상추샐러드	1인분	100
콘슬로	1인분	100
야채샐러드	1접시	125
감자샐러드	1접시	150
옥수수샐러드	1접시	175

김치

종류	분량	칼로리(kcal)
배추김치	1접시	20
동치미	1그릇	20
나박김치	1그릇	20
깍두기	1그릇	25
총각김치	1그릇	25
오이소박이	1접시	25
보쌈김치	1접시	50

국

종류	분량	칼로리(kcal)
콩나물국	1그릇	50
미역냉국	1그릇	50
조개국	1그릇	40
소고기미역국	1그릇	100

종류	개수(분량)	칼로리(kcal)
미역줄기볶음	1접시	75
멸치볶음	1접시	100
새우볶음	1접시	125
소시지야채볶음	1접시	175
제육볶음	1접시	225
도토리묵무침	1접시	75
오징어무침	1접시	100
무생채	1접시	25
미역오이초무침	1접시	25
오이생채	1접시	25
도라지생채	1접시	25
동태전	3개	175
호박전	5개	100
달걀말이	4조각	125
콩조림	1접시	100
어묵조림	1접시	100
감자조림	1접시	75
연근조림	1접시	75

DR. 고의

어린이 건강 다이어트

1판 1쇄 찍음 2003년 8월 5일
1판 1쇄 펴냄 2003년 8월 11일

지은이 고시환
펴낸이 박근섭
펴낸곳 (주)황금가지

출판등록 1996. 5. 3 (제16-1305호)
135-887 서울 강남구 신사동 506 강남출판문화센터 6층
영업부 515-2000 / 편집부 3446-8773 / 팩시밀리 515-2007
www.goldenbough.co.kr

값 15,000원

ISBN 89-8273-479-1 03590